impress
top gear

word2vec／LSTM／seq2seq／BERTで
日本語テキスト解析！

PyTorch

自然言語処理プログラミング

新納 浩幸 ＝著

インプレス

■サンプルコードと正誤表について
本書のサンプルコードは、下記URLの著者のサイトから入手できます。
また、正誤表を掲載した場合も、このサイトで公開されます。
http://nlp.dse.ibaraki.ac.jp/~shinnou/books.html

サンプルコードは、出版社インプレスの下記サイトからでも入手できます。
https://book.impress.co.jp/books/1119101184

まえがき

　本書では自然言語処理の分野で使われるディープラーニング技術を解説します。読者の対象としては自然言語処理についての初心者で、手っ取り早く何か自然言語処理のシステムを作ってみたい、あるいは作らなくてはならない人を対象に考えています。具体的には大学生で自然言語処理の研究室に配属された情報系の工学部学生です[※1]。

　内容は大きく4つに分かれます。word2vecによる分散表現、LSTMによる系列データ解析、seq2seqモデルによる系列変換、そして事前学習済みモデルであるBERTの利用です。とりあえずこの辺りを押さえておけば、何かは作れると思います。各技術の理論面は概略程度にし、その技術の利用方法に焦点を絞って解説します。その際に必須となるプログラミング言語はPythonです。また、Pythonでディープラーニングのプログラミングを行う場合、フレームワークと呼ばれるライブラリ集を利用するのが一般的です。フレームワークはいくつかありますが、現在、TensorFlow、KerasそしてPyTorchが代表的なフレームワークです。本書ではPyTorchを用います。PyTorchはFacebook社が開発したフレームワークで、使いやすさの点で群を抜いており、非常に人気の高いフレームワークです。

　本書では上記の4つのテーマの解説の前に、それらのテーマのプログラムが理解できるようにPyTorchについても解説します。PyTorchを使えるようになるにはtensorを使った配列操作の習得が必須ですが、tensorの考え方を詳しく解説すると説明が長くなるので、そこはある程度知っているという仮定で、PyTorchプログラムの全体像の把握を目的に解説しました。

　本書で例示したサンプルプログラムの多くは、自然言語処理フレームワークのAllenNLPやtorchtextなどを使えばすでに関数のような形で提供され、パ

※1　さらに具体的に言えば、私の研究室に入ってくれた新4年生を読者のイメージとして書きました。

ラメータを調整するだけで使えるものもあるかもしれません。ただそのような
便利な関数を使った場合、自分なりにその動きを理解したり、そのプログラ
ムを改良したりするのが難しくなると思います。そのため、本書ではできるだ
け PyTorch の関数だけを利用してプログラミングしています。BERT については
HuggingFace の transformers のライブラリを介して利用するのが、実質、必須で
すが、transformers についてもできるだけ基本的なものだけを利用しています。
たとえば transformers には `BertForSequenceClassification` という文書分類の
ためのクラスが用意されていますが、BERT の入出力さえ理解できれば、そのよ
うなクラスを利用する必要はありません。

　また、本書のプログラムの実行環境は Windows 10 を想定します。本書のプロ
グラムを実行して試すには Windows 10 に最低 Anaconda3 と PyTorch をインストー
ルする必要があります。また、プログラムの実行には GPU も利用したほうがよ
いです。GPU を利用するためには CUDA をインストールする必要があります。こ
れらインストールの解説は巻末の付録に含めました。他にもいくつかインストー
ルすべきライブラリがありますが、それらはほとんど pip の 1 行でインストール
できるので問題はないと思います。もしも自身の環境で何かパッケージがない
などのエラーが表示された場合は、pip で簡単に導入できるはずです。

　また、主要ライブラリのバージョンですが、Anaconda は 3.8、PyTorch は 1.7.1、
CUDA は 11.0、そして transformers は 4.1.1 です。執筆時点ではほぼ最新の環境
です。

　本書中のプログラムについては基本的にそのポイントだけを示しています。
プログラム全体を確認したい場合もあるかもしれません。そのため、主要なプ
ログラムは付録に付けています。また、本書で示したプログラムは以下の URL
で公開しています。付録にないプログラムなどは、ダウンロードして確認してく
ださい。

　本書によって多くの方が、ディープラーニング技術を使って自然言語処理の
タスクに挑めるようになれればよいと思っています。

2021年2月

新納浩幸

まえがき——iii

第1章 | PyTorchの基礎——1

1.1 Tensorとは——2

1.2 Tensorの演算と操作——3

1.3 Tensorの自動微分——15

1.4 PyTorchの学習プログラムの作成——18

    1.4.1 プログラムのひな形——18

    1.4.2 ライブラリの読み込み——20

    1.4.3 学習データの準備——20

    1.4.4 モデルの設定——22

    1.4.5 モデルの生成、最適化アルゴリズムと損失関数の設定——23

    1.4.6 学習——25

    1.4.7 テスト——26

    1.4.8 実行——28

    1.4.9 ミニバッチ——28

    1.4.10 GPUの利用——30

第2章 | word2vecによる分散表現 〜単語をベクトルで表現〜——33

2.1 分散表現とは何か——34

2.2 word2vecによる分散表現の構築——36

2.3 gensimによる分散表現の構築——38

2.4 既存の分散表現とその読み込み——40

2.5 分散表現の利用方法——42

2.6 doc2vecによる文書間類似度——45

2.7 Word Mover Distanceによる文間距離——47

2.8 fastText——48

第3章 | LSTMによる時系列データ解析
~文を単語の系列として解析~——**51**

3.1　LSTMとは何か——**52**

3.2　LSTMの入出力——**54**

3.3　LSTMの学習——**57**

3.4　LSTMの推論——**63**

3.5　LSTMのバッチ処理——**65**

3.6　多層LSTM——**75**

3.7　双方向LSTM——**78**

第4章 | seq2seqモデルによる機械翻訳
~ある系列を別の系列に変換~——**83**

4.1　seq2seqモデルとは何か——**84**

4.2　NMTの学習——**86**

4.3　NMTのモデルによる翻訳——**92**

4.4　BLEUによるNMTの評価——**94**

4.5　Attentionの導入——**97**

4.6　Attention付きNMTのモデルによる翻訳——**102**

4.7　バッチ処理への改良——**104**

4.8　SentencePieceによる単語分割——**107**

第5章 | 事前学習済みモデルBERTの活用
~タスクに応じてモデルを調整~——**111**

5.1　BERTとは——**112**

5.2　Self-Attentionとは——**114**

5.3　既存BERTモデルの利用——**117**

5.4　BERTの入出力——**120**

5.5　BERTの各層の情報の取り出し——**123**

5.6 Tokenizer——125

5.7 BertForMaskedLMの利用——128

5.8 ローカルにあるモデルからの読み込み——131

5.9 BERTを利用した文書分類の実装——134

    5.9.1 訓練データとテストデータの作成——134

    5.9.2 文書分類モデルの設定——137

    5.9.3 最適化関数の設定——139

    5.9.4 モデルの学習——140

    5.9.5 モデルによる推論——141

    5.9.6 BERTのバッチ処理——143

    5.9.7 パラメータ凍結によるfeature basedの実装——147

    5.9.8 BertForSequenceClassificationの利用——150

    5.9.9 識別の層とBERTの上位層のみの学習——154

5.10 BERTを利用した品詞タガーの実装——160

    5.10.1 データの準備——160

    5.10.2 モデルの設定——163

    5.10.3 学習——164

    5.10.4 推論——166

5.11 DistilBERT——169

    5.11.1 既存のDistilBERTモデルの利用——171

    5.11.2 DistilBERTを用いたMASK単語の推定——172

    5.11.3 DistilBERTを用いた文書分類——173

    5.11.4 Laboro版DistilBERTを用いた文書分類——176

5.12 SentenceBERT——178

    5.12.1 既存のSentenceBERTモデルの利用——179

    5.12.2 バッチに対する平均ベクトルの算出——181

    5.12.3 SentenceBERTを用いた文書分類——184

5.13 2文入力のタスクに対するBERTの利用——187

    5.13.1 2文入力タイプのBERTの入出力——188

    5.13.2 2文入力タイプのタスク——189

    5.13.3 HuggingFaceの登録モデルの利用——191

5.13.4　BERTを利用した含意関係認識——193

5.13.5　BERTを利用したQAタスク——195

付録A │ プログラミング環境の構築（Windows）——199

A.1　Anaconda——200

A.2　PyTorch——200

A.3　CUDA——202

付録B │ 本書で解説した主要プログラム集——207

B.1　iris0.py——208

B.2　lstm.py——210

B.3　nmt.py——213

B.4　att-nmt.py——218

B.5　doccls.py——222

B.6　doccls4.py——225

B.7　bert-tagger.py——228

参考文献——233

あとがき——235

索引——237

PyTorch自然言語処理プログラミング

第1章

PyTorchの
基礎

1.1 │ Tensorとは

　コンピュータでデータ解析を行う場合、ベクトル演算が基本となります。その
ため、自分の利用するプログラミング言語でベクトルをどう表現するか、ベク
トルの演算をどのようにプログラミングするかを押さえておく必要があります。
Pythonであればベクトルはリストで表せるので、リストを使えばよいように思い
ますが、リストはその要素に数値以外のオブジェクトも入れることができるので、
リストで表したベクトルどうしで何らかの演算を行うのは効率が悪いです。その
ため、Pythonではベクトルを表すのにNumPyが用意されています。NumPyによっ
て作られたベクトルや配列はNumPyで用意されているメソッドを用いて演算し
ます。NumPyはベクトル演算用に構築されたクラスなので、NumPy内で行う計
算は高速です。

　ディープラーニングのプログラムもベクトル演算が基本なのでnumpyでベク
トルや配列を表現してもよいのですが、numpyには微分の機能が付いておら
ず、さらにGPUでの計算もサポートされていないため、ディープラーニングの
プログラムを作るには役不足です。そのため、ディープラーニングのフレーム
ワークではそれらの機能が付いているベクトルを表現するクラスが用意されま
す。PyTorchの場合、Tensorがそれに当たります。Tensorで作られた配列の演
算や操作にはTensorで提供されているメソッドを利用します。Tensorの使い方
はNumPyとほとんど同じです。メソッドや関数の名前もほぼ同じです。注意と
しては整数の型です。numpyでは32ビットが使われますが、tensorでは64ビッ
トのlong型なので、numpyの整数のベクトルからtensorの整数のベクトルへ変
換する場合などに注意が必要です。

1.2 | Tensor の演算と操作

ここでは tensor の演算と操作の基本的な部分を確認していきます。

まず tensor を利用するには `torch` を import します。

```
>>> import torch
```

配列（型）は、Tensor では `tensor` です。要素が 0, 1, 2, 3 となっている tensor（大きさ 4 のベクトル）は以下のように作成します。これが基本です。

```
>>> torch.tensor([0,1,2,3])
tensor([0, 1, 2, 3])
```

`.tensor()` の部分を `.Tensor()` としても、同じ操作ができますが、`.Tensor()` の場合は型が自動で float になることに注意してください。

```
>>> torch.tensor([0,1,2,3])
tensor([0, 1, 2, 3])  # 型は long
>>> torch.Tensor([0,1,2,3])
tensor([0., 1., 2., 3.])  # 型は float
```

上記は要素のリストを渡していますが、`.Tensor()` の場合は形状だけを指定することもできます。このとき作成される配列の要素の数値は乱数です。

```
>>> torch.Tensor(2,3)
tensor([[6.0465e+23, 6.9992e+28, 1.4605e-19],
        [1.8469e+25, 1.0901e+27, 2.9557e+21]])
>>> torch.Tensor(3)
tensor([0.0000, 0.0000, 9.9067])
```

tensorの作成は要素のリストを渡すことです。なので要素が0, 1, 2, ..., 9となっている配列は以下のように作成すればよいです。

```
>>> torch.tensor(range(10))
tensor([0, 1, 2, 3, 4, 5, 6, 7, 8, 9])
>>> torch.arange(10)    # 上記を略したもの
tensor([0, 1, 2, 3, 4, 5, 6, 7, 8, 9])
```

2×3の配列（2行3列の行列）は以下のように作成します。行のリストを要素としたリストを渡せばよいです。

```
>>> torch.tensor([[0,1,2],[3,4,5]])
tensor([[0, 1, 2],
        [3, 4, 5]])
```

配列の形を変えたいときはreshapeを使います[1]。

※1   viewでもよいです。

```
>>> torch.arange(6).reshape(2,3)
tensor([[0, 1, 2],
        [3, 4, 5]])
```

上記は1次元の配列を2×3の配列に変えました。変更前の元になる配列は1次元でなくてもよいです。また、変更先の配列の形は3次元以上でもよいです。

```
>>> a = torch.arange(6).reshape(2,3)
>>> a
tensor([[0, 1, 2],
        [3, 4, 5]])
>>> a.reshape(3,2)
tensor([[0, 1],
        [2, 3],
        [4, 5]])
```

tensorと数値との四則演算の結果はtensorになります。このとき配列の各要素に対して、その演算が行われることに注意してください。また、割り算の場合、結果の型はtensorのほうに合わせられます[※2]。

```
>>> a = torch.arange(5)
>>> a
tensor([0, 1, 2, 3, 4])
>>> a + 2
tensor([2, 3, 4, 5, 6])
```

※2　numpyでは割り算の結果は実数になります。

```
>>> a - 2
tensor([-2, -1,  0,  1,  2])
>>> 2 * a
tensor([0, 2, 4, 6, 8])
>>> a / 2
tensor([0, 0, 1, 1, 2])
```

　変数aとbがtensorの場合、aとbの四則演算の結果は、当然、tensorとなります。配列の各要素には、aとbの対応する各要素に対して、その演算結果が入ります。つまり、この演算が可能なのは、aとbの形状が同じ場合です。

```
>>> a = torch.arange(6).reshape(2,3)
>>> a
tensor([[0, 1, 2],
        [3, 4, 5]])
>>> b = a + 1
>>> b
tensor([[1, 2, 3],
        [4, 5, 6]])
>>> a + b
tensor([[ 1,  3,  5],
        [ 7,  9, 11]])
>>> a - b
tensor([[-1, -1, -1],
        [-1, -1, -1]])
>>> a * b
```

```
tensor([[ 0,  2,  6],
        [12, 20, 30]])
>>> a / b
tensor([[0, 0, 0],
        [0, 0, 0]])
```

a * bに注意してください。これは行列積ではありません。各要素の積です。行列積はtensorではすべて関数matmulを利用して計算できます。

1次元どうしの行列積が内積です。関数dotや関数matmulを利用して計算できます。

```
>>> a0 = torch.tensor([1.,2.,3.,4.])
>>> a1 = torch.tensor([5.,6.,7.,8.])
>>> torch.dot(a0,a1)
tensor(70.)
>>> torch.matmul(a0,a1)
tensor(70.)
```

2次元の配列（行列）と1次元の配列（ベクトル）の行列積の場合、関数mvや関数matmulを利用して計算できます。

```
>>> a0 = torch.tensor([1,2,3,4])
>>> a0
tensor([1, 2, 3, 4])
>>> a1 = torch.arange(8).reshape((2,4))
```

```
>>> a1
tensor([[0, 1, 2, 3],
        [4, 5, 6, 7]])
>>> torch.mv(a1,a0)
tensor([20, 60])
>>> torch.matmul(a1,a0)
tensor([20, 60])
```

行列どうしの行列積の場合、関数mmや関数matmulを利用して計算できます。

```
>>> a0 = torch.arange(8).reshape(2,4)
>>> a0
tensor([[0, 1, 2, 3],
        [4, 5, 6, 7]])
>>> a1 = torch.arange(8).reshape((4,2))
>>> a1
tensor([[0, 1],
        [2, 3],
        [4, 5],
        [6, 7]])
>>> torch.mm(a0,a1)
tensor([[28, 34],
        [76, 98]])
>>> torch.matmul(a0,a1)
tensor([[28, 34],
        [76, 98]])
```

　行列がいくつか集まった行列のセットが2つあり、それらの要素である行列
どうしの行列積を求めるのはバッチの行列積です。2次元の配列のセットは3
次元の配列として表現されるので、一見、3次元の配列どうしの乗算に見えま
すが、そうではありません。また、行列のセットの要素数は同じである必要が
あります。関数としては関数bmmや関数matmulを利用します。

```
>>> a0 = torch.arange(24).reshape(-1,2,4)   # 引数の-1はこのコードの後で説明
>>> a1 = torch.arange(24).reshape(-1,4,2)
>>> torch.bmm(a0,a1)
tensor([[[  28,   34],
         [  76,   98]],

        [[ 428,  466],
         [ 604,  658]],

        [[1340, 1410],
         [1644, 1730]]])
>>> torch.matmul(a0,a1)
tensor([[[  28,   34],
         [  76,   98]],

        [[ 428,  466],
         [ 604,  658]],

        [[1340, 1410],
         [1644, 1730]]])
```

　上記のコードの中にreshape(-1,2,4)という箇所がありますが、この-1は略記した書き方です。上記の場合、要素数が24であり、行列が2×4なので、行列の個数は3であることが自動的に計算されるので、-1と略記できます。

　tensorに対する複雑な関数（たとえばlogやsinなど）はtensorクラス内のものを使います。どのような関数があるかはマニュアル[3]で調べたほうがよいです。

```
>>> a = torch.tensor([1.,2.,3.])
>>> torch.sin(a)
tensor([0.8415, 0.9093, 0.1411])
>>> torch.log(a)
tensor([0.0000, 0.6931, 1.0986])
```

　入出力はtensorですが、入力のtensorの型には注意してください。たとえばsinでは入力は実数でないといけないので、整数のtensorでは以下のようにエラーになります。

```
>>> a = torch.tensor([1,2,3])
>>> torch.sin(a)
Traceback (most recent call last):
  File "<stdin>", line 1, in <module>
RuntimeError: sin_vml_cpu not implemented for 'Long'
```

　tensorの型を確認するにはdtypeあるいはtype()を使います。dtypeの戻り値はtorch.dtypeクラスであり、type()の戻り値はstrクラスになっています。

※3　　https://pytorch.org/docs/stable/tensors.html

```
>>> a0 = torch.tensor([1,2,3])
>>> a0.dtype
torch.int64
>>> a0.type()
'torch.LongTensor'
>>> a1 = torch.tensor([1.,2.,3.])
>>> a1.dtype
torch.float32
>>> a1.type()
'torch.FloatTensor'
```

　所望の型のtensorを得るには、生成時にdtypeで型を指定します。あるいはtype()を使ってtensorの型を変換します。

```
>>> a0 = torch.tensor([1,2,3])
>>> a0.type()   # 型の確認
'torch.LongTensor'
>>> a0 = torch.tensor([1,2,3],dtype=torch.float)   # floatに変換
>>> a0.type()
'torch.FloatTensor'
>>> a1 = a0.type(torch.LongTensor)   # longに変換
>>> a1
tensor([1, 2, 3])
>>> a1.dtype
torch.int64
>>> a1.type()
```

```
'torch.LongTensor'
>>> a0.dtype
torch.float32　# a0は変化していないことに注意
```

　tensorの配列tensorをnumpyの配列arrayに変換するにはnumpy()を使います。逆にnumpyの配列arrayをtensorの配列tensorに変換するにはfrom_numpy()を使います。

```
>>> a0 = torch.tensor([1,2,3])
>>> a0.dtype
torch.int64
>>> b0 = a0.numpy()
>>> b0.dtype
dtype('int64')
>>> a1 = torch.from_numpy(b0)
>>> a1.dtype
torch.int64
```

　注意点として、配列tensorに微分の情報が付与されているときには、それをdetach()で切り離してからでないとnumpy()が使えません。

```
>>> a = torch.tensor([1.], requires_grad=True)
>>> a.dtype
torch.float32
>>> b = a.numpy()　# これはダメ
Traceback (most recent call last):
```

```
  File "<stdin>", line 1, in <module>
RuntimeError: Can't call numpy() on Variable ......
>>> b = a.detach().numpy()   # detachしてから変換
>>> b.dtype
dtype('float32')
```

　次に、tensorの結合を行ってみます。たとえば2×3の2つの行列を縦に連結して4×3の行列を作成するには、2つの行列をリストに入れてcat()を使います。横に連結して2×6の行列を作るにはdim=1を指定します。

```
>>> a = torch.zeros(6).reshape(2,3)
>>> b = torch.ones(6).reshape(2,3)
>>> torch.cat([a,b])
tensor([[0., 0., 0.],
        [0., 0., 0.],
        [1., 1., 1.],
        [1., 1., 1.]])
>>> torch.cat([a,b],dim=1)
tensor([[0., 0., 0., 1., 1., 1.],
        [0., 0., 0., 1., 1., 1.]])
```

　同じ形状の複数の配列をリストして、それをバッチにするにはstack()を使います。

```
>>> a = torch.zeros(6).reshape(2,3)
>>> b = torch.ones(6).reshape(2,3)
```

```
>>> c = b + 1
>>> torch.stack([a,b,c])
tensor([[[0., 0., 0.],
         [0., 0., 0.]],

        [[1., 1., 1.],
         [1., 1., 1.]],

        [[2., 2., 2.],
         [2., 2., 2.]]])
```

軸の削除にはsqueeze()を用いますが、使う機会はないと思います。ただその逆関数であるunsqueeze()は1つだけの配列をバッチにするときに多用されます。

```
>>> a = torch.arange(6).reshape(2,3)
>>> a
tensor([[0, 1, 2],
        [3, 4, 5]])
>>> a.unsqueeze(0)    #  aは破壊されてバッチになる
tensor([[[0, 1, 2],
         [3, 4, 5]]])
```

軸を入れ替えるにはpermute()を使います。

```
>>> a = torch.arange(12).reshape(2,2,-1)
```

```
>>> a
tensor([[[ 0,  1,  2],
         [ 3,  4,  5]],

        [[ 6,  7,  8],
         [ 9, 10, 11]]])
>>> a.permute(2,0,1)   # permuteの引数には元の次元のインデックスを指定
tensor([[[ 0,  3],
         [ 6,  9]],

        [[ 1,  4],
         [ 7, 10]],

        [[ 2,  5],
         [ 8, 11]]])
```

1.3 | Tensor の自動微分

　tensor の配列 tensor と numpy の配列 array とは、配列の操作だけに限れば大きな違いはありませんが、PyTorch では配列として array ではなく tensor を使います。というのも、tensor は微分値を求められますが、array にはその機能がないからです。

微分値を求める必要のある tensor は requires_grad という属性の値を True に設定します。requires_grad の default 値は False です。

```
>>> x1 = torch.tensor([1.], requires_grad=True)
>>> x2 = torch.tensor([2.], requires_grad=True)
>>> x3 = torch.tensor([3.], requires_grad=True)
```

たとえば以下の3変数関数の計算を行ってみます。

$$z = f(x_1, x_2, x_3) = (x_1 - 2x_2 - 1)^2 + (x_2 x_3 - 1)^2 + 1$$

```
>>> z = (x1 - 2 * x2 - 1)**2 + (x2 * x3 - 1)**2 + 1
```

微分値を求めるには関数 backward() を使います。これによってその関数を変数で微分した値を求められます。実際にその微分値は属性 grad で参照できます。

```
>>> z.backward()
>>> x1.grad
tensor([-8.])
>>> x2.grad
tensor([46.])
>>> x3.grad
tensor([20.])
```

上記の微分値が正しいことは、以下の式から確認できます。

$$\frac{\partial z}{\partial x_1} = 2(x_1 - 2x_2 - 1) = -8$$

$$\frac{\partial z}{\partial x_2} = -4(x_1 - 2x_2 - 1) + 2x_3(x_2 x_3 - 1) = 46$$

$$\frac{\partial z}{\partial x_3} = 2x_2(x_2 x_3 - 1) = 20$$

この自動微分の機能を用いて、前出した以下の関数 $f: R^3 \to R$ の最小解を求める最急降下法のプログラムを書いてみます。

$$f(x_1, x_2, x_3) = (x_1 - 2x_2 - 1)^2 + (x_2 x_3 - 1)^2 + 1$$

リスト1-1:a1.py

```python
import torch

def f(x):
    return (x[0]-2 * x[1]-1)**2 + (x[1] * x[2]-1)**2 + 1

def f_grad(x):
    z = f(x)
    z.backward()
    return x.grad

x = torch.tensor([1., 2., 3.], requires_grad=True)

for i in range(50):
    x = x - 0.1 * f_grad(x)
    x = x.detach().requires_grad_(True)
```

```
    print("x = ",x.data,", f = ",f(x).item())
```

　このプログラムの x = x.detach().requires_grad_(True) に注意してください。ある変数の微分値を1回求めた後、次にその変数の微分値を求めるためには、その変数の微分値に関する情報を初期化しなければなりません。detach() で微分の情報を外してから、requires_grad_(True) を行うようにすればよいです。

1.4 PyTorch の学習プログラムの作成

　PyTorchにおける標準的な学習プログラムの基本構成要素は、モデルの設定、最適化関数の設定、誤差の算出、勾配の算出、パラメータの更新からなります。最後の3つを繰り返すことでパラメータが推定され、モデルが構築されます。ここでは最初に上記の構成要素からなるプログラム全体のひな形を示し、簡単な問題を通して、各手順を解説します。

1.4.1　プログラムのひな形

　まずPyTorchのプログラムの全体図を示しておきます（図1-1）。ディープラーニングのプログラムの核の部分は、この形になっています。また、本書のプログラムの核はすべて基本的にこの形です。

```
(1)    ┌─────────────────────┐
       │ データの準備・設定  │
       └─────────────────────┘

(2)    ╭──────────────────────────────────────╮
       │ class MyModel (nn.Module):           │
       │    def __init__(self):               │
       │       super(MyModel, self).__init__()│
       │       利用する nn クラスの関数の宣言  │
       │    def  forward(self, ・・・ ):       │
       │       順方向の計算                    │
       ╰──────────────────────────────────────╯

(3)    ╭──────────────────────────────────────╮
       │ model = MyModel ( )                  │
       │ optimizer = 最適化アルゴリズム        │
       │ criterion = 誤差関数                  │
       ╰──────────────────────────────────────╯

(4)    ╭──────────────────────────────────────╮
       │ for epoch in range(繰り返し回数):    │
       │    データの加工(input, target の作成)│
       │    output = model(input)             │
       │    loss = criterion(output, target)  │
       │    optimizer.zero_grad()             │
       │    loss.backward()                   │
       │    optimizer.step()                  │
       ╰──────────────────────────────────────╯

(5)    ┌─────────────────────┐
       │ 結果の出力          │
       └─────────────────────┘
```

◆図1-1：プログラムのひな形

　(1)で学習データを準備します。この辺りが面倒なことも多いです。(2)、(3)、(4)がプログラムの中心となります。(2)がモデルを記述する部分です。MyModelはモデルの名前です。適当に名付けてかまいません。__init__とforwardの部分は必須です。他にメソッドを追加してもよいです。モデルの書き方や設定方法はいろいろありますが、本書ではこの形をとっています。(3)はモデルと最適化アルゴリズムを設定する部分です。ほぼお約束の3行です。SGDは最適化アルゴリズムです。他にもいろいろ選択できますが、わからなければSGD(確率的勾配降下法) を指定して問題ありません。(4)が学習の部分です。問題にもよりますが、かなり時間がかかります。最後の4行もほぼお約束です。モデルのforward関数 (順方向の計算) からモデルの出力値を求め、その出力値と教師

データを損失関数に与えて、損失値を出し、次に勾配を初期化して、先の損失値から勾配を求めて、最後にパラメータを更新します。(5)で結果の出力です。学習結果のモデルを保存したり、テストを行ったりします。

　上記はプログラムの核の部分です。通常は訓練データの一部を評価データとして分離しておき、繰り返しの中でその時点で作られているモデルを、評価データを用いて評価します。この評価値によって学習を止めたり、学習中に得られた最良のモデルを出力したりできます。ただし、本書では便宜上、この形では記述しません。プログラムの核の部分さえ理解できれば、評価データを使って上記のような形の処理を追加するのは容易だと思います。

1.4.2　ライブラリの読み込み

　標準的に必要になるライブラリは以下の5つです。とりあえず最初に書いておくとよいです。

リスト1-2：iris0.py

```
import torch

import torch.nn as nn

import torch.optim as optim

import torch.nn.functional as F

import numpy as np
```

1.4.3　学習データの準備

　PyTorchではDatasetクラスを使ってデータを準備し、DataLoaderクラスを使っ

て、そのデータを呼び出すという形が基本になっています。ただ自然言語処理ではDataLoaderを使うのは少し面倒です。DataLoaderの説明は後で行うことにして、ここではPyTorchのプログラミングの全体像の把握を目的に、DataLoaderを使わない形でプログラム例を示します。

　まずサンプルとしてirisデータを利用したPyTorchによる学習と識別のプログラムを作ってみます。irisデータは機械学習のサンプルデータとして最も頻繁に用いられているデータです。scikit-learnのデータセットにも登録されているので、簡単に利用できます。

　150個のデータからなり、各データはアヤメのデータです。そして各データは花びらの長さ、幅、がく片の長さ、幅の4つの数値、つまり4次元のベクトルで表現されています。そして各データにはアヤメの花の種類setosa(0)、versicolor(1)、virginica(2)に応じて、その数値がラベルとして与えられています。

　150個のデータに対してscikit-learnの train_test_split を用いて、その半分を訓練データ、もう半分をテストデータに分割しておきます。

リスト1-3：iris0.py

```
import numpy as np
from sklearn import datasets
from sklearn.model_selection import train_test_split

iris = datasets.load_iris()
xtrain, xtest, ytrain, ytest = train_test_split(
    iris.data, iris.target, test_size=0.5)
```

　このままだとxtrainなどはnumpyの配列なので、PyTorchで使えるように

tensorに変換しておく必要があります。また、PyTorchでは実数の型は基本float、整数の型は基本longなので、型の変換を行っておきます。

リスト1-4：iris0.py

```
xtrain = torch.from_numpy(xtrain).type('torch.FloatTensor')

ytrain = torch.from_numpy(ytrain).type('torch.LongTensor')

xtest = torch.from_numpy(xtest).type('torch.FloatTensor')

ytest = torch.from_numpy(ytest).type('torch.LongTensor')
```

1.4.4 モデルの設定

図1-2のような通常のニューラルネットでモデル化してみます。

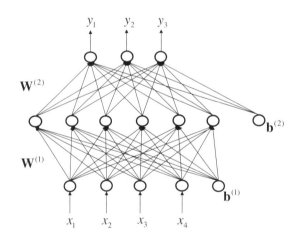

◆図1-2：iris データの識別のためのニューラルネット

入力は4次元なので、入力層はバイアスの他に4つのユニットがあります。

中間層にいくつのユニットを置くかが問題ですが、ここではバイアスのユニット以外に6つのユニットを置きました。出力層は3値分類になっているので、3つのユニットになります。

このモデルをPyTorchでは以下のように設定します。プログラムのひな形（図1-1）の(2)の部分に相当します。

リスト1-5：iris0.py

```
class MyIris(nn.Module):
    def __init__(self):
        super(MyIris, self).__init__()
        self.l1=nn.Linear(4,6)
        self.l2=nn.Linear(6,3)
    def forward(self,x):
        h1 = torch.sigmoid(self.l1(x))
        h2 = self.l2(h1)
        return h2
```

`__init__`には利用するnnクラスの関数を列挙します。`forward`には順方向の計算を記述します。

1.4.5　モデルの生成、最適化アルゴリズムと損失関数の設定

プログラムのひな形の(3)の部分では、最初にモデルのインスタンスを作ります。これは次の1行です。

リスト1-6：iris0.py

```
model = MyIris()
```

　モデルを生成した際のモデルの変数名ですが、上記のように`model`あるいは`net`と名付けることが多いようです。本書はどちらも使っていますが、特に区別はしていません。

　次に、最適化アルゴリズムを設定します。これも次の1行です。

リスト1-7：iris0.py

```
optimizer = optim.SGD(model.parameters(),lr=0.1)
```

　SGDは確率的勾配降下法です。他の最適化アルゴリズムを設定することもできます。どのような最適化アルゴリズムがあるかはマニュアル[4]で確認できます。

　`optim.SGD()`の第1引数に学習対象となるパラメータを設定します。通常は生成したモデルの全パラメータが対象なので、それらは`model.parameters`により得られます。複雑な学習プログラムになり、モデルが複数個になったときや、モデルの全パラメータではなく特定箇所のパラメータだけを学習対象にしたいときには、この第1引数の部分の調整が必要です。

　上記例の`lr=0.1`は最適化アルゴリズムSGDのパラメータです。この場合は学習率ですが、どのようなパラメータがあるかはマニュアルを調べる必要があります。この部分のパラメータをうまく設定することは重要なのですが、適切な値を見つけるには試行錯誤するしかないと思います。

※4　　https://pytorch.org/docs/stable/optim.html

　プログラムのひな形の(3)の最後に、損失関数を設定します。回帰の問題の場合、平均二乗誤差のnn.MSELossを用いますが、識別の問題の場合にはクロスエントロピー(交差エントロピー)のnn.CrossEntropyLossを使います。

リスト1-8：iris0.py

```
criterion = nn.CrossEntropyLoss()
```

1.4.6　学習

　プログラムのひな形の(4)は学習ですが、これは最急降下法そのものです。つまり、訓練データから現在のモデルを使って得られた出力値と訓練データにある真の出力値(教師信号)との誤差を得て、損失関数に対する変数(この場合、パラメータ)の微分値を求めて、それら変数を更新するという処理を繰り返します。

　実際のコードは以下のようになります。

リスト1-9：iris0.py

```
model.train()
for i in range(1000):
    output = model(xtrain)
    loss = criterion(output,ytrain)
    print(i, loss.item())   # 誤差が減ることを確認
    optimizer.zero_grad()
    loss.backward()
    optimizer.step()
```

`model.train()`は付ける必要はありません。ただ私は学習をやっていることを明示する意味で付けることにしています。上記のコードの1000はエポックと呼ばれる数で、全データを何回繰り返すかを示しています[※5]。modelに対する順方向の計算は`model(xtrain)`で得られます。誤差は設定した損失関数を使って求めます。`optimizer.zero_grad()`は微分値の初期化です。微分値を求める際には必ず実行する必要があります。`loss.backward()`で微分値が求まります。`optimizer.step()`で`optimizer`に設定されたパラメータが更新されます。

1.4.7　テスト

学習により構築したモデルを実際に利用する処理は、学習のプログラムの中で行う必要はありません。通常、学習のプログラムでは構築したモデルを保存し、実際のタスクを解くときに、保存してあるモデルを読み込んで使います。

モデルを保存する場合は以下のコードを実行します。

リスト1-10：iris0.py

```
torch.save(model.state_dict(),'myiris.model')
```

保存してあるモデルを呼び出して使いたいときに実行するコードは以下のとおりです。

リスト1-11：iris0.py

```
model.load_state_dict(torch.load('myiris.model'))
```

※5　　この場合の1,000回というのは適当です。10回でよいときもあれば、1,000,000回繰り返すこともあります。

ここでは説明のためにプログラムのひな形の (5) として、学習のプログラムと一緒に利用例（テストデータの識別）を書いています。処理は基本的にテストデータをモデルに与えて、forwardの計算を行わせればよいだけです。ただ注意点として、テストでは学習のときのように微分値（勾配）を求める必要がないので、以下の2行を追加します。

リスト1-12：iris0.py

```
model.eval()

torch.no_grad()
```

torch.no_grad()により微分の計算を行わなくなります。通常はその処理は一時的なので、後処理をして状態を戻すPythonのwithと一緒に使います。

また、model.eval()とtorch.no_grad()のどちらも必須というわけではないのですが、必要である場合もありますし、これらを行っても害はないので、通常、テストを行う場合にはこの2つは実行しておくほうがよいです。実際のコード例は以下のようになります。

リスト1-13：iris0.py

```
model.eval()

with torch.no_grad():

    output1 = model(xtest)

    ans = torch.argmax(output1,1)

    print((((ytest == ans).sum().float() / len(ans)).item())
```

最後の2行は少し入り組んでいますが、正解率を出しているだけです。ベタに1つずつ正解と同じかどうかを確認しても問題ありません。

1.4.8　実行

　`iris0.py`は、Anaconda Prompt を起動して、`iris0.py`のあるディレクトリに移動して、以下のように実行します。

```
$ python iris0.py
```

　以下のような結果が得られます。ただし、実行結果は実行ごとに少し変化します。

```
$ python iris0.py
0 1.0778634548187256
1 1.0737385749816895
2 1.070217251777649
3 1.0671210289001465
4 1.0643209218978882
......
997 0.14140014350414276
998 0.14125001430511475
999 0.1411002278327942
0.9733333587646484
```

1.4.9　ミニバッチ

　先の例では1回のパラメータ更新ごとに75個の訓練データすべてを使っています。つまりバッチ処理でした。ここでは1回のパラメータ更新にはランダムに取り出した25個の訓練データを使う形にしてみます。これはミニバッチとい

う手法です。

　ミニバッチ用に訓練データをセットするPythonのコードは定石化しており、先のコードのパラメータを更新する繰り返し部分を、以下のように変更すればよいです。

リスト1-14：iris1.py

```
n = 75      # データのサイズ
bs = 25     # バッチのサイズ
model.train()
for i in range(1000):   # エポック数はまた適当
    idx = np.random.permutation(n)
    for j in range(0,n,bs):
        xtm = xtrain[idx[j:(j+bs) if (j+bs) < n else n]]
        ytm = ytrain[idx[j:(j+bs) if (j+bs) < n else n]]
        output = model(xtm)
        loss = criterion(output,ytm)
        print(i, j, loss.item())
        optimizer.zero_grad()
        loss.backward()
        optimizer.step()
```

　numpyのpermutationという関数を使うのが定石です。これは引数をnとして、0からn-1までの数値をシャッフルします。これによってランダムにバッチサイズ分のデータを訓練データから順に取り出せます（図1-3）。

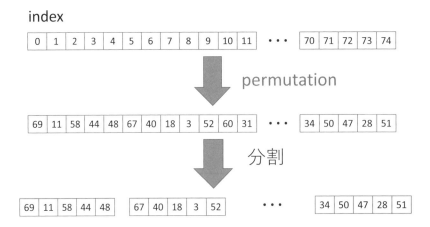

◆図1-3：permutationによるデータ分割

1.4.10　GPUの利用

　PyTorchでGPUを使うためには、まずそのマシンでCUDAがインストールされ
ている必要があります。CUDAがインストールされているなら、PyTorchでGPU
を使うのは簡単です。以下の2点を行えばよいです。

● tensorの配列を .to('cuda:0') によりGPUに移動させる。
● モデルを .to('cuda:0') によりGPUに移動させる[6]。

　GPUを使わずに明示的にCPUを使う場合は、.to('cuda:0') を .to('cpu')
とすればよいです。以下の1行を最初に書いておいて、tensorの配列やモデル
に対しては、常に .to(device) とするのがよいと思います。この場合、GPUが
使えたらGPU、そうでなければCPUと自動的に切り替えられます。

※6　'cuda:0' というのはそのマシンに差し込まれている1枚目のGPUを表します。

リスト1-15:iris2.py

```
device = torch.device("cuda:0"
                      if torch.cuda.is_available()
                      else "cpu")
```

　iris1.pyのプログラムを、GPUを使ったものに置き換えるには、以下のコードを追加します。

リスト1-16:iris2.py

```
# iris1.pyに以下を追加
......
device = torch.device("cuda:0"
                      if torch.cuda.is_available()
                      else "cpu")
......
xtrain = xtrain.to(device)
ytrain = ytrain.to(device)
xtest = xtest.to(device)
ytest = ytest.to(device)
......
model = MyIris().to(device)
......
```

MEMO

第2章

word2vecによる
分散表現
〜単語をベクトルで表現〜

2.1 | 分散表現とは何か

　分散表現とは単語をベクトルで表現した際のそのベクトルのことです。そのベクトルが n 次元である場合、単語を n 次元空間のある1点に埋め込むことを意味するので埋め込み表現とも呼ばれます[※1]。分散表現はそのベクトルが低次元の密なベクトルで、値としては負の値も取り得るという点が大きな特徴です。

　ディープラーニングの出現以前[※2]に単語をベクトルで表現する方法としてBoW（Bag of Words）と呼ばれる手法が使われてきました。BoWでは、まず辞書の単語の集合を $V = \{w_1, w_2, \cdots, w_{|V|}\}$ としたとき、単語 w を $|V|$ 次元のベクトル v_w で表します。問題は v_w の第 i 次元の値ですが、それを単語 w_i との共起[※3]の程度から求めます。そのために単語 a と単語 b の共起頻度 $n(a, b)$ を調べておきます。具体的にはコーパス内の各文を単語分割して、文内に存在する単語 a と単語 b に対して $n(a, b)$ に1を加えます。コーパス内の全文に対して上記の処理を行うと、コーパス内の単語 a の頻度 f_a を以下のように計算できます。

$$f_a = \sum_{b \in V} n(a, b)$$

　また、便宜上 $n(a, a) = f_a$ としておき、単語 a のベクトル v_a を以下のように定義します。

$$v_a = \left[\frac{n(a, w_1)}{f_a}, \frac{n(a, w_2)}{f_a}, \cdots, \frac{n(a, w_{|V|})}{f_a} \right]$$

※1　分散表現と埋め込み表現は厳密には異なるものですが、実際には区別せずに使われています。

※2　自然言語処理の分野では word2vec の出現以前と言えます。

※3　共起とは文書や文の中で文字列 a と b の両方が出現していることを言います。

　上記は単語 a と単語 w_i との共起の程度を $\dfrac{n(a, w_i)}{f_a}$ としましたが、この部分はさまざまな修正が可能です。

　上記のベクトルの特徴は、高次元疎なベクトルでしかもベクトルの要素の値が非負であることです。分散表現は、イメージ的には、BoW のベクトルを次元縮約したベクトルと考えておけばよいです。次元数は 50 から 300 次元くらいです。

　先ほど分散表現は BoW で作成されたベクトルを次元縮約したものというイメージで説明しました。ただ実際に分散表現を作るのに、BoW でベクトルを作ってからそれを次元縮約するというアプローチではなく、コーパスから直接そのベクトルを作るアプローチになっています（図 2-1）。

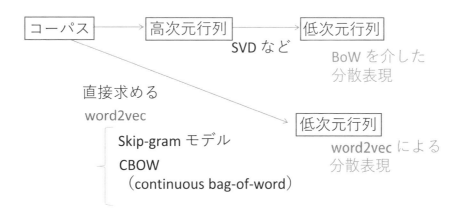

◆図2-1:BoWを介した分散表現とword2vecによる分散表現

2.2 | word2vecによる分散表現の構築

　現在、分散表現を構築する手法はいくつかありますが、そのおおもとは2013年に当時Googleの研究員であったTomas Mikolovが発表したword2vecという手法です[4]。このword2vecにより構築された分散表現はそれ以前の分散表現とは一線を画するものです。有名な例として以下の式が成り立つことが知られています。

$$v_{king} - v_{man} + v_{women} \simeq v_{queen}$$

　これは単語kingの分散表現のベクトルをv_{king}、単語manの分散表現のベクトルをv_{man}、そして単語womanの分散表現のベクトルをv_{woman}としたとき、ベクトルの演算として

$$v_{king} - v_{man} + v_{women}$$

を計算すると、あるベクトルが算出されますが、その算出されたベクトルが単語queenの分散表現のベクトルv_{queen}とほとんど同じであるということです。つまりword2vecにより構築された分散表現では、単語の意味的な加算が分散表現のベクトルの加算に対応できています。

　word2vecのプログラムは以下で公開されています。

```
https://code.google.com/p/word2vec/
```

これはC++のコードで、C++のコンパイラのある環境では問題なくコンパイ

---

[4]　word2vecは手法を指すこともありますが、word2vecにより分散表現を構築するプログラムもword2vecと呼ばれます。word2vecと言ったとき、手法のことを言っているのかプログラムのことを言っているのかに注意してください。

ル実行できます。いろいろなツールも一緒にコンパイルされますが、word2vec
という実行ファイルがコーパスから分散表現を構築するプログラムです。
word2vecの使い方は、日本語に対しては1行1文からなるコーパス（data.
txt）を準備して、形態素解析システムなどを利用して分かち書きしたコーパス
（wakati.txt）に変換します。MeCabがインストールされていれば以下のように
変換できます。

```
$ mecab -Owakati data.txt > wakati.txt
```

　分かち書きしたコーパス（wakati.txt）からword2vecを利用して分散表
現を作るには、たとえば以下のように実行すればよいです。見やすくするた
めに改行を入れていますが、実際は1行で書いて実行してください。これは
vectors.binが構築される分散表現です。このファイルの利用方法は次節で
解説します。

```
$ word2vec -train wakati.txt
        -output vectors.bin
        -cbow 1
        -size 200
        -window 8
        -negative 25
        -hs 0
        -sample 1e-4
        -threads 20
        -binary 1
        -iter 15
```

　word2vecのオプションはたくさんありますが、あまりいじっても大きな影響はないと思います。大事なオプションとしてはsizeがあります。これは分散表現のベクトルの次元数を指定します。また、オプションcbowはword2vecで利用するモデルとしてCBOW（Continuous Bag of Words）を使うかどうかです。デフォルトは1で、このモデルを利用する形になっています。0を指定するとSkip-Gram Modelというモデルが使われます[5]。

2.3 | gensimによる分散表現の構築

　word2vecを利用して分散表現を構築することもできますが、gensimというPythonのライブラリを利用しても構築することができます。どちらで作成するにしても、構築した分散表現はgensimのライブラリを介して利用するのが簡単なので、現在は構築もgensimで行うのがよいと思います。

　gensimのインストールはpipで簡単に行えます。

```
$ pip install gensim
```

　分散表現を作るのに用意するのはword2vecのときと同じように1行1文を分かち書きしたファイル（wakati.txt）です。最初にこのファイルからLineSentenceオブジェクト（以下のsens）を作成します。

※5　　CBOWとSkip-Gram Modelの説明は省きます。概ね、大きなコーパスで学習する場合はCBOWを使い、小さなコーパスで学習する場合はSkip-Gram Modelを使うとよいと思います。

```
>>> from gensim.models import word2vec
>>> sens = word2vec.LineSentence('wakati.txt')
```

　次に、このLineSentenceオブジェクトsensを利用して分散表現（以下の
model）を以下のように構築します。

```
>>> from gensim.models import Word2Vec
>>> model = Word2Vec(sens)
```

　Word2Vecのオプションは以下のようにいろいろあります。=の値がデフォルト
値です。

```
size=100              # 分散表現の次元数
window=5              # 前後何単語を予測するかの幅
min_count=5           # 出現頻度の低い単語の足切りの数
max_vocab_size=None   # 最大語彙数
workers=3             # 学習の多重度
sg=0                  # モデル、skip-gramは1、CBOWは0
negative=5            # negative samplingにおける負例の個数
iter=5                # 学習回数
```

　構築された分散表現データmodelは以下のように保存しておけます。

```
>>> model.save('myw2v.bin')
```

また、保存してある分散表現データは以下のようにして読み出します。

```
>>> model = Word2Vec.load('myw2v.bin')
```

2.4 │ 既存の分散表現とその読み込み

　分散表現を使って何かしたい場合に、自前で分散表現を作ってもよいのですが、大規模コーパスから構築された分散表現がすでにいくつか公開されているので、それらを利用するほうが簡単です。

　このとき分散表現がどのような形式で保存されているかに注意してください。たとえば以下のURLで公開されている分散表現（日本語Wikipediaエンティティベクトル）はよく利用されていると思いますが、これはword2vecのバイナリの形式で保存されています。

　　　　http://www.cl.ecei.tohoku.ac.jp/~m-suzuki/jawiki_vector/

　上記サイト内の20170201.tar.bz2というファイルをダウンロードして解凍すると、entity_vector.model.binとentity_vector.model.txtというファイルが得られます。entity_vector.model.txtは単語とその分散表現（ベクトル）を記したテキストファイルです。entity_vector.model.binがword2vecで得られるバイナリ形式のファイルです。

この分散表現を利用するには、entity_vector.model.txtから単語をkey、その分散表現をvalueとして辞書を構築すればよいです。ただ通常はgensimで分散表現を扱う関数が提供されているので、entity_vector.model.binをgensimで使われるword2vecのモデルの形式で読み込んで使うほうが簡単です。読み込みは以下のように行います。

```
>>> from gensim.models.keyedvectors import KeyedVectors
>>> model = KeyedVectors.load_word2vec_format(
            'entity_vector.model.bin',binary=True)
```

また、近頃はgensimのloadで直接読み込めるものも多いです。たとえば以下のChiVeと呼ばれる分散表現データはその1つです。

https://github.com/WorksApplications/chiVe

上記サイト内のたとえば以下のファイルの内容はgensimのloadで直接読み込める分散表現データです。

https://sudachi.s3-ap-northeast-1.amazonaws.com/chive/chive-1.1-mc5-aunit_gensim.tar.gz

展開するとその中にchive-1.1-mc5-aunit.kvとchive-1.1-mc5-aunit.kv.vectors.npyというファイルがありますが、これは以下のようにgensimのloadで直接読み込めます。

```
>>> model = KeyedVectors.load('chive-1.1-mc5-aunit.kv')
```

2.5 分散表現の利用方法

gensimの分散表現データmodelから、たとえば単語「犬」の分散表現のベクトルは以下のように取り出せます[※6]。

```
>>> a = model['犬']
>>> type(a)
<class 'numpy.ndarray'>
>>> a.shape
(300,)
>>> a.dtype
dtype('float32')
```

上記のように取り出される分散表現のベクトルはnumpyの配列で型はfloat32です。

次に単語「犬」と単語「人」との類似度はsimilarityを使って以下のように測れます。

```
>>> model.similarity('犬','人')
0.36400777
```

これは単にコサインcosを計算しているだけです。以下のように確認できます。

※6　ここでの例は前節で読み込んだ ChiVe のモデルを使っています。

```
>>> import numpy as np
>>> v1 = model['犬']
>>> v2 = model['人']
>>> nr1 = np.linalg.norm(v1, ord=2)
>>> nr2 = np.linalg.norm(v2, ord=2)
>>> np.dot(v1,v2) / (nr1 * nr2)
0.3640078
```

単語と単語のindexの関係は以下のように確認できます。

```
>>> vocab = model.vocab
>>> len(vocab)    # 登録単語数
322094
>>> v = vocab['犬']
>>> type(v)
<class 'gensim.models.keyedvectors.Vocab'>
>>> v.index
793
>>> wlist = model.index2word
>>> wlist[793]
'犬'
```

指定した単語と類似度の高い単語を取り出すには、most_similarを利用します。topnのオプションで上位何個まで出力するかを指定できます。

```
>>> model.most_similar('犬', topn=5)
[('愛犬', 0.7968789339065552),
 ('椀子', 0.7886559963226318),
 ('ワンコ', 0.7824243307113647),
 ('柴犬', 0.7631046772003174),
 ('チワワ', 0.7435126304626465)]
```

最後に有名な以下の例で示される加法性を確認してみます。

$$v_{king} - v_{man} + v_{women} \simeq v_{queen}$$

ここでは$v_{日本} - v_{東京} + v_{ニューヨーク}$によって推理される単語を確認してみます。

これは先ほどのmost_similarにおいて上記式のプラスの単語（「日本」と「ニューヨーク」）とマイナスの単語（「東京」）を指定します。

```
>>> model.most_similar(positive=['日本','ニューヨーク'],
                       negative=['東京'],topn=3)
[('アメリカ', 0.6983020901679993),
 ('米国', 0.5914556980133057),
 ('ロサンゼルス', 0.5447146892547607)]
```

$v_{日本} - v_{東京} + v_{ニューヨーク}$の意味から、これは「日本に対する東京」と比べて「$X$に対するニューヨーク」であるような$X$を推理する問題と見なせるので、第1に「アメリカ」、第2に「米国」が出ているのは正解だと思います。

2.6 │ **doc2vecによる文書間類似度**

　word2vecにより単語の分散表現を求める際に、文書の先頭に文idを付けておいて、文書idと共起する単語や負の事例などを調整して、word2vecをそのまま起動すれば、文書idに対してもその分散表現が得られます。この文書idの分散表現がその文書の分散表現と見なせます。これがdoc2vecと呼ばれる手法です。

　doc2vecのプログラムもgensimで提供されています。まず1行1文書の分かち書きのテキストファイルdocs.txtを準備します。docs.txtからdoc2vecのモデル（以下のmodel）を作成するコードは以下のとおりです。

```
>>> from gensim.models.doc2vec import Doc2Vec
>>> from gensim.models.doc2vec import TaggedDocument
>>> f = open('docs.txt','r')
>>> docs = [ TaggedDocument(words=data.split(),tags=[i])
                        for i,data in enumerate(f) ]
>>> model = Doc2Vec(docs)
```

　Doc2VecにはWord2Vecと同様のオプションがあります※7。

　作成されたモデルの保存と保存したファイルからの読み込みを行うコードは以下のとおりです。

※7　　2.3節を参照。

```
>>> model.save('myd2v.model')  # 保存
>>> model = Doc2Vec.load('myd2v.model')  # 読み込み
```

　モデルの使い方は以下のとおりです。ここでは 10 番目の文書の分散表現を取得しています。

```
>>> model.docvecs[10]
array([-0.04339945, -0.00373355, -0.03106212,
       ......
       ......, -0.03020621], dtype=float32)
```

　10 番目の文書と類似の文書を得る方法は以下のとおりです。

```
>>> model.docvecs.most_similar(10,topn=2)
[(12572, 0.8208867907524109), (13650, 0.7922120094299316)]
```

　新規の文書に対する分散表現も得ることができます。

```
>>> newdoc = ['私','は','犬','が','好き']
>>> model.infer_vector(newdoc)
array([-2.20759995e-02, -5.79113467e-03, -1.29340803e-02,
       ......
       ......, -1.30125612e-01], dtype=float32)
```

2.7 | Word Mover Distanceによる文間距離

　単語の分散表現を利用すれば、ある程度信頼性のある単語間の距離や類似度が求められます。この性質を利用して文間の距離を測る手法としてWMD（Word Mover Distance）があります。WMDは、概略を述べれば2文間の距離を測るのに、それぞれの文に含まれる単語を対応させて、それらの距離の合計として2文間の距離を算出します。この距離を測るところに分散表現が使われます。ただし、通常2つの文に含まれる単語数は違うため、単純に2文間の単語を対応させることはできません。そこでWMDでは複数の単語に重みを付けて対応させます。距離ができるだけ短くなるように、その重みを算出するのにある最適化問題を解く、という流れです。

　WMDで距離を測るには`wmdistance`というメソッドを利用します。

```
>>> s1 = "私 は 犬 が 好き"
>>> s2 = "日本 人 は みんな 動物 が 好き"
>>> s3 = "この 本 は 面白い"
>>> model.wmdistance(s1,s2)
1.9250977313926019
>>> model.wmdistance(s1,s3)
2.6244556231738074
```

　上記の例では、s1とs2間の距離がs1とs3間の距離よりも小さい、つまりs1はs3よりもs2に類似していると言えます。

2.8 | fastText

　fastText は Facebook 社が開発した分散表現を構築する手法です。Facebook 社の word2vec といったところです。word2vec では空白区切りの文字列を単語として分散表現を作っています。そのため、go や goes や going などは異なる単語として扱われます。fastText は単語を subword[8] に分割して学習に組み込んでいるので、go と going のような共通の部分を持つ語句について、その関係性をうまく学習します。

　fastText もその構築プログラムが公開されているので、自前で用意したコーパスから単語の分散表現を構築できますが、以下のサイトにさまざまな言語の Wikipedia から学習された fastText が公開されているので、こちらを利用するほうが簡単です。

```
https://github.com/facebookresearch/fastText/blob/master/docs/
crawl-vectors.md
```

　上記のサイトから以下の日本語の fastText をダウンロードします。

```
https://dl.fbaipublicfiles.com/fasttext/vectors-crawl/cc.ja.300.
bin.gz
```

　解凍して得られる cc.ja.300.bin が日本語の fastText です。使い方としては fasttext のライブラリを導入するのが簡単です。

```
$ pip install fasttext
```

※8　subword については後の章で説明します。

分散表現は以下のように取り出せます。

```
>>> import fasttext
>>> model = fasttext.load_model('cc.ja.300.bin')
Warning : load_model does not return ...
>>> a = model['犬']
>>> type(a)
<class 'numpy.ndarray'>
>>> a.shape
(300,)
```

　上記ではモデルの読み込みにWarningが出力されますが、気にする必要はありません。

MEMO

PyTorch自然言語処理プログラミング

第3章

LSTMによる
時系列データ解析
〜文を単語の系列として解析〜

3.1 LSTMとは何か

LSTM（Long Short-Term Memory）はRNN（Recurrent Neural Network）の一種です。LSTMが何かを説明する前にRNNについて述べておきます。

RNNは時系列データ $x = [\, x_1, x_2, \cdots, x_n \,]$ を図3-1のようなネットワークで解析するモデルです。

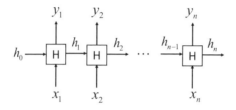

◆図3-1：RNN

このモデルではまず時刻 $t=1$ で図のHのネットワークに h_0 と x_1 が入力され、h_1 と y_1 が出力されます。h_1 と y_1 は中身が同じベクトルです。次に時刻 $t=2$ で再度図のHのネットワークに h_1 と x_2 が入力され、h_2 と y_2 が出力されます。これを時刻 $t=n$ の x_n まで繰り返すという処理を行います。図のHは単なる変形変換 H であり、$h_i = y_i = H x_i$ です。結局、各時点の入力 x_t に対して出力 y_t が得られる形になっています。この y_t を変形することでさまざまな系列データに対する処理が可能になります。

　RNNのポイントはx_tの入力時に一緒に入力されるh_{t-1}の存在です。h_{t-1}は系列$x_1, x_2, \cdots, x_{t-1}$を圧縮した情報と見なせます。つまり各時点の入力$x_t$に対して出力$y_t$を得るのに、$x_t$だけではなくそれ以前の系列$x_1, x_2, \cdots, x_{t-1}$の情報を圧縮した$h_{t-1}$を利用しています。

　ただRNNは時系列の系列が長くなると、前のほうで出現した情報がほとんど消えてしまい、長距離の依存関係を捉えるのが難しくなります。この点を改良したのがLSTMです。LSTMは内部にメモリセルという機構を設けることで、RNNのこの欠点を緩和しています（図3-2）。

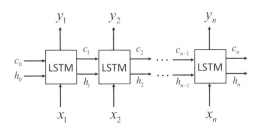

◆図3-2：LSTM

　モデルとしてはRNNの変形変換Hが、LSTMブロックというものに置き換わっているだけで、入出力に大きな違いはありません。LSTMではh_{t-1}の他にメモリセルの情報c_{t-1}が加わっていますが、メモリセル自体をプログラム内で参照することは通常ないからです。また、各種フレームワークを利用するとLSTMブロックをブラックボックス的に扱えるので、結局LSTMはRNNの形で理解しておけば十分だと思います。

3.2 LSTM の入出力

LSTMの典型的な利用例は固有表現抽出や品詞タグ付けのような系列ラベリング問題です。ここでは品詞タグ付けをタスクとしてLSTMの利用例を解説します。品詞タグ付けでは、入力となる時系列データは単語列からなる文です。出力は各単語に付与された品詞列です（図3-3）。

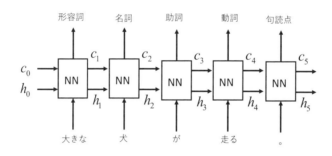

◆図3-3:LSTMによる品詞タグ付け

LSTMの核はLSTMブロックです。そのため、LSTMブロック自体をLSTMと呼ぶこともあります。そしてLSTMは、通常、あるフレームワーク内のクラスやメソッドとして提供されます。ここではPyTorchを使ってLSTMブロックの入出力を確認してみます。

まずjanome[1]を利用して入力文を単語分割します。

```
>>> from janome.tokenizer import Tokenizer
```

※ 1　janomeはPython内で手軽に使える日本語形態素解析器です。pipだけで簡単にインストールでき、精度的にもMeCabと同等です。処理速度が遅いのが欠点ですが、小規模のプログラムであれば気にするほどではありません。

```
>>> tkz = Tokenizer()
>>> s = "私は犬が好き。"
>>> ws = [ w for w in tkz.tokenize(s,wakati=True) ]
>>> ws
['私', 'は', '犬', 'が', '好き', '。']
```

　次に、日本語Wikipediaエンティティベクトルを使って、各単語を200次元の分散表現で表します。PyTorchを使うので配列にはtensorを使います。

```
>>> from gensim.models.keyedvectors import KeyedVectors
>>> w2v = KeyedVectors.load_word2vec_format(
             'entity_vector.model.bin',binary=True)
>>> import numpy as np
>>> import torch
>>> xn = torch.tensor([ w2v[w] for w in ws ])
>>> xn.shape
torch.Size([6, 200])
```

　上記でxnは200次元のベクトルで表現された単語が6個並んだデータであり、6 × 200の行列になっています。PyTorchのLSTMの入力はバッチでないといけないので、unsqueezeを使ってxnをバッチにします。

```
>>> xn = xn.unsqueeze(0)
>>> xn.shape
torch.Size([1, 6, 200])
```

PyTorch の LSTM を 1 つ作成して、そこに先の xn を入力してみます。

```
>>> import torch.nn as nn
>>> lstm = nn.LSTM(200,200,batch_first=True)
>>> h0 = torch.randn(1,1,200)
>>> c0 = torch.randn(1,1,200)
>>> yn, (hn, cn) = lstm0(xn, (h0, c0))
>>> yn.shape
torch.Size([1, 6, 200])
>>> hn.shape
torch.Size([1, 1, 200])
>>> cn.shape
torch.Size([1, 1, 200])
```

LSTM の第 1 引数は LSTM ブロックの入力ベクトルのサイズ、第 2 引数は LSTM ブロックの出力ベクトルのサイズです。通常は同じ値です。オプション batch_first=True は付けないと入力の配列の形状が以下のようになります。

```
[ num_words, batch_size, word_size ]
```

これはわかりづらいと思います。batch_first=True を付けることで配列の形状が通常の以下の形になります。

```
[ batch_size, num_words, word_size ]
```

また、上記の lstm の引数に LSTM ブロックに最初に入る h0 と c0 を作って、(h0,c0) も引数に入れていますが、これは省略できます。上記では lstm(xn) でも大丈夫です。この場合、h0 と c0 はゼロベクトルです。

　lstmの出力はyn、hnおよびcnです。ynは各単語に対する出力値の列なので、形状が[1,6,200]になるのは納得できると思います。入力のxnはバッチサイズが1、つまり入力文が1つで、その文には6単語あって、各単語の次元数が200だからです。hnやcnはLSTMブロックの最後の出力のhとcです。なので基本的には[batch_size, word_size]、つまり[1,200]になると思われますが、実際は[1,1,200]です。実はこの形状の第1成分の1というのはLSTMの層の数を表しています。上記の例ではLSTMの層の数は1なので、上記のような結果となっています。LSTMの層については後の章で説明します。ただhnやcnは通常使うことはないので、yn = lstm(xn)という単純な形で使うのがよいと思います。

3.3 ｜ LSTM の学習

　品詞タグ付けを行うために、図3-4のようなLSTMのモデルを設定します。

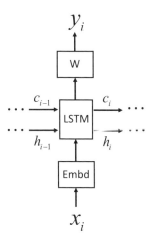

◆図3-4：品詞タグ付けを行うLSTMのモデル

　まず単語がEmbdで分散表現に変換され、それがLSTMに入り、LSTMの出力が線形変換Wで品詞のクラスに変換されます。学習の対象はEmbdとLSTMとWの3つです。Embdを学習の対象とせずに既存の分散表現データを使ってもよいのですが、未知語の問題やPaddingの処理が面倒になるので、ここでは分散表現であるEmbdを学習することにします。分散表現の次元数は100次元にしておきます。また、ここで扱う品詞は以下の16種類としました。このため、線形変換Wの入力は100次元、出力は16次元のベクトルとなります。

```
>>> labels = {'名詞': 0, '助詞': 1, '形容詞': 2,
    '助動詞': 3, '補助記号': 4, '動詞': 5, '代名詞': 6,
    '接尾辞': 7, '副詞': 8, '形状詞': 9, '記号': 10,
    '連体詞': 11, '接頭辞': 12, '接続詞': 13,
    '感動詞': 14, '空白': 15}
```

　訓練データのファイルには単語とその品詞を空白区切りで1行ごとに記すことにします。また、文の終了はEOSだけを1行に書くことにします（図3-5）。

◆図3-5：品詞タグ付けタスクのための訓練データ

ここでは実験的に適当に50,000文をMeCabにより形態素解析し、各単語に上記16種類のいずれかの品詞を与え、これを訓練データとしました。同様に適当に5,000文をMeCabにより形態素解析し、各単語に上記16種類のいずれかの品詞を与え、これをテストデータとしました。

データはプログラムで処理しやすいように数値のリストにしておきます。まず訓練データとテストデータすべての単語を取り出してid（1から始まる整数値[2]）を付けておきます。これは単語をkeyとし、idをvalueとした辞書としてpickleの形式で保存しておきます（dic.pkl）。

```
>>> import pickle
>>> with open('dic.pkl','br') as f:
        dic = pickle.load(f)
>>> dic['犬']
4373
```

次に、訓練データの各文を単語idのリストで表現し、それを集めたリストをpickleの形式で保存しておきます（xtrain.pkl）。また、各文の単語の教師データとなる品詞のidもリストで表現し、それを集めたリストをpickleの形式で保存しておきます（ytrain.pkl）。同じようにテストデータに対してもxtest.pklとytest.pklを作成しておきます。

たとえば6番目の文は以下のとおりです。

※2　　0はpaddingのために空けておく必要があります。後で説明します。

フル　形状詞

カラー　名詞

で　助詞

とても　副詞

見　動詞

やすい　接尾辞

です　助動詞

。　補助記号

EOS

この文に対する単語idのリストと品詞idのリストは以下のようになります。

```
>>> with open('xtrain.pkl','br') as f:
        xdata = pickle.load(f)
>>> with open('ytrain.pkl','br') as f:
        ydata = pickle.load(f)
>>> xdata[6]
[74, 75, 2, 60, 76, 62, 5, 6]
>>> ydata[6]
[9, 0, 1, 8, 5, 7, 3, 4]
```

ここで扱う図3-4で表されるモデルをPyTorchにより定義すると以下のようになります。

リスト3-1:lstm0.py

```
class MyLSTM(nn.Module):
    def __init__(self, vocsize, posn, hdim):
        super(MyLSTM, self).__init__()
        self.embd = nn.Embedding(vocsize, hdim)
        self.lstm = nn.LSTM(hdim, hdim, batch_first=True)
        self.ln   = nn.Linear(hdim, posn)
    def forward(self, x):
        ex = self.embd(x)
        lo = self.lstm(ex)
        out = self.ln(lo)
        return out
```

vocsizeはここで扱う単語の種類の数です。ここではlen(dic)+1としています。+1するのは単語idに0からではなく、1から番号を付けているからです。posnは出力となる品詞の種類の数です。ここではlen(labels)で得られます[3]。hdimはlstmの出力のベクトルの次元数です。ここでは100としています。

以上によりモデルの生成と損失関数の設定は以下のようになります。

リスト3-2:lstm0.py

```
net = MyLSTM(len(dic), len(labels), 100).to(device)
optimizer = optim.SGD(net.parameters(),lr=0.01)
criterion = nn.CrossEntropyLoss()
```

※3　この例では16です。

　学習は以下のようになります。10エポックまで学習し、各エポック学習後の
モデルを保存することにしています。また、正しく動いていることを見るために、
1,000文ごとに損失値を合計して表示しています。

リスト3-3：lstm0.py

```
for ep in range(10):

    loss1K = 0.0

    for i in range(len(xtrain)):

        x = [ xdata[i] ]

        x = torch.LongTensor(x).to(device)

        output = net(x)

        y = torch.LongTensor( ydata[i] ).to(device)

        loss = criterion(output[0],y)

        if (i % 1000 == 0):

            print(i,loss1K)

            loss1K = loss.item()

        else:

            loss1K += loss.item()

        optimizer.zero_grad()

        loss.backward()

        optimizer.step()

    outfile = "lstm0-" + str(ep) + ".model"

    torch.save(net.state_dict(),outfile)
```

　全体のプログラム lstm0.py は以下のように実行します。

```
$ python lstm0.py
0 0.0
1000 2196.200649857521
2000 1532.561815917492
3000 1268.3427811861038
......
```

　上記のプログラムが終了すると、lstm0-0.modelからlstm0-9.modelまでの
モデルのファイルができています。

3.4 | LSTM の 推論

　前章で作成したモデルでxtest.pklのデータに対して品詞タグ付けを行い、
ytest.pklと比較することで正解率を測ってみます。

　まず保存している評価対象のモデルをプログラムの引数で読み込みます。

リスト3-4:lstm0-test.py

```
net = MyLSTM(len(dic)+1, len(lab), 100).to(device)
net.load_state_dict(torch.load(argvs[1]))
```

　推論のプログラムは学習のプログラムとほとんど同じです。学習でも基本的

に推論を行っているからです。学習ではその推論結果と教師データの差異から
学習を行っている形ですが、その差異から学習を行う部分を、その差異から評
価を行うように修正するだけです。

　以下のプログラムはテストデータを1つずつ正解と同じかどうかを調べて、
正解の個数okと全体のデータ数real_data_numを数えています。

リスト3-5：lstm0-test.py

```
real_data_num = 0   # データの個数

net.eval()

with torch.no_grad():

    ok = 0   # okは正解数

    for i in range(len(xtest)):

        real_data_num += len(xtest[i])

        x = [ xtest[i] ]

        x = torch.LongTensor(x).to(device)

        output = net(x)

        ans = torch.argmax(output[0],dim=1)

        y = torch.LongTensor(ytest[i]).to(device)

        ok += torch.sum(ans == y).item()

    # 正解率の表示
    print(ok, real_data_num, ok/real_data_num)
```

　前章で構築したlstm0-0.modelからlstm0-9.modelまでのモデルを評価し、
各エポック後の正解率を示すと図3-6のようになりました。

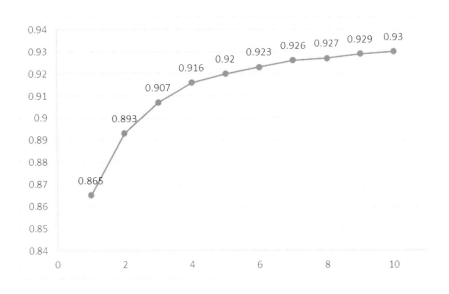

◆図3-6：各エポック後のモデルの正解率

うまく学習が進んでいると思います。

3.5 ｜ LSTM の バ ッ チ 処 理

PyTorchでバッチ処理を行うプログラムを作る場合、データセットからバッチサイズ分のデータをランダムに取り出す処理が必要で、それはDataLoaderというクラスを利用して実装するのが標準です。

ただ自然言語処理の場合、DataLoaderクラスを利用するのは少し面倒です。自然言語処理の場合、データとなる文の長さがさまざまなので、複数データを

通常の配列として表現できないからです。そのため、ここではDataLoaderの出力をバッチサイズ分のデータの配列ではなく、リストで返す形にしました。

リスト3-6:lstm1.py

```python
from torch.utils.data import Dataset, DataLoader

class MyDataset(Dataset):
    def __init__(self, xdata, ydata):
        self.data = xdata
        self.label = ydata
    def __len__(self):
        return len(self.label)
    def __getitem__(self, idx):
        x = self.data[idx]
        y = self.label[idx]
        return x, y

def my_collate_fn(batch):
    xdata, ydata = list(zip(*batch))
    xs = list(xdata)
    ys = list(ydata)
    return xs, ys

with open('xtrain.pkl','br') as fr:
    xdata = pickle.load(fr)
```

```
with open('ytrain.pkl','br') as fr:
    ydata = pickle.load(fr)


batch_size = 200
dataset = MyDataset(xdata,ydata)
dataloader = DataLoader(dataset, batch_size=batch_size,
                        shuffle=True, collate_fn=my_collate_fn)
```

　上記では batch_size の分だけデータを取り出します。たとえば batch_size = 3として1回に取り出すデータを確認してみます。

```
>>> dataloader = DataLoader(dataset,
                            batch_size=3, shuffle=True,
                            collate_fn=my_collate_fn)
>>> dl = dataloader.__iter__()
>>> xs, ys = dl.next()
>>> xs
[[88, 2140, 99, ..., 653, 6],
 [337, 30, 29, ..., 14, 216, 50, 17, 6],
 [422, 2, ..., 44, 6]]
>>> ys
[[4, 0, 4, ..., 7, 4],
 [6, 1, 1, ..., 1, 5, 3, 3, 4],
 [0, 1, ..., 3, 4]]
```

　ここからわかるように上記の xs や ys はリストです。そのリストの要素は単語

列に対応するリストですが、その長さがさまざまなので、xsやysから単純に配列を作ることはできません。xsやys内のリストの長さを揃える必要があります。これはPaddingと呼ばれる処理です。Paddingでは最大長のリストの長さに全体のリストの長さを合わせます。長さを合わせるためにリストの後ろに必要な分だけ0を埋めることを行います（図3-7）。

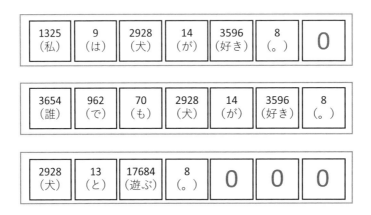

◆図3-7：文長を揃えるPadding

Paddingを行うには`torch.nn.utils.rnn`で提供されている`pad_sequence`を用いるのが簡単です。`pad_sequence`の利用例を以下に示します。

```
>>> import torch
>>> from torch.nn.utils.rnn import pad_sequence
>>> a = torch.LongTensor([10, 20, 30])
>>> b = torch.LongTensor([15, 25, 35, 45, 55])
>>> c = torch.LongTensor([68, 88])
>>> x = pad_sequence([a, b, c], batch_first=True)
>>> x
```

```
tensor([[10, 20, 30,  0,  0],
        [15, 25, 35, 45, 55],
        [68, 88,  0,  0,  0]])
```

ベクトルaの大きさは3、ベクトルbの大きさは5、そしてベクトルcの大きさは2となっています。ベクトルa、b、cをリストにしてpad_sequenceに渡すと、ベクトルの大きさが5になるように、ベクトルaやベクトルcの後に0が挿入されてバッチのデータが作成されます。

pad_sequenceを利用してLSTMのPaddingを行うには、たとえば以下のようなコードを実行します。

```
>>> xs1, ys1 = [], []
>>> for k in range(len(xs)):
        ids = xs[k]
        xs1.append(torch.LongTensor(ids))
        ids = ys[k]
        ys1.append(torch.LongTensor(ids))
>>> xs1 = pad_sequence(xs1, batch_first=True)
# ys1については後述
```

通常、Paddingでは数値0を埋めますが、何を埋めるかは注意が必要です。他の数値とPaddingの数値を区別しないといけないからです。単語id列のリストであるxs1では、単語idとPaddingの数値を区別するために、単語idを1から始めて0を空けておきました。なので単語id列に対してはPaddingの数値は

0とします。

　また、ここでの注意点として、単語idが0の場合のembdが出力するベクトルには特別な処理が必要です。それを行うためにEmbeddingのオプションにpadding_idx=0を指定します。

リスト3-7：lstm1.py

```
class MyLSTM(nn.Module):
    def __init__(self, vocsize, posn, hdim):
        super(MyLSTM, self).__init__()
        self.embd = nn.Embedding(vocsize, hdim,
                                 padding_idx=0)
        self.lstm = nn.LSTM(hdim, hdim, batch_first=True)
        self.ln   = nn.Linear(hdim, posn)
    def forward(self, x):
        ......
```

　単語id列に対してはPaddingの数値は0でよいのですが、ys1の要素となるラベル列に対しては0をPaddingの数値としては利用できません。通常0はラベルidの値として利用されるからです。ラベル列に対するPaddingの数値には通常-1が使われます。なので上記のys1をpad_sequenceを利用してPaddingする際には、そのオプションにpadding_value=-1を指定します。

```
>>> ys1 = pad_sequence(ys1, batch_first=True,
                       padding_value=-1.0)
```

　損失値は各単語に対してモデルから出力される各ラベルの確率と正解ラベルからクロスエントロピーで損失値を計算します。単語がPaddingの0である場合もLSTMではその単語に対する各ラベルの確率を算出してしまうので、そのままクロスエントロピーを計算すると正解ラベルが-1なのでエラーになってしまいます。そのため、損失関数にクロスエントロピーを使う場合には、正解ラベルが-1の場合は計算しない処理が必要です。それを行うため、CrossEntropyLossのオプションにignore_index=-1を付けます。

リスト3-8:lstm1.py

```
......
criterion = nn.CrossEntropyLoss(ignore_index=-1)
......
```

　学習部分のプログラムは以下のようになります。バッチサイズの処理の10回ごとの損失値を調べておいて、それを表示することにしています。

リスト3-9:lstm1.py

```
net.train()
for ep in range(10):
    loss10B, i = 0.0, 0
    for xs, ys in dataloader:
        xs1, ys1 = [], []
        for k in range(len(xs)):
            tid = xs[k]
            xs1.append(torch.LongTensor(tid))
            tid = ys[k]
```

```
        ys1.append(torch.LongTensor(tid))
    xs1 = pad_sequence(xs1,

                    batch_first=True).to(device)

    ys1 = pad_sequence(ys1,

                    batch_first=True,

                    padding_value=-1.0)

    output = net(xs1)

    ys1 = ys1.type(torch.LongTensor).to(device)

    loss = criterion(output[0],ys1[0])

    for h in range(1,len(ys1)):

        loss += criterion(output[h],ys1[h])

    if (i % 10 == 0):

        print(ep, i, loss10B)

        loss10B = 0.0

    else:

        loss10B += loss.item()

    i += 1

    optimizer.zero_grad()

    loss.backward()

    optimizer.step()

    outfile = "lstm1-" + str(ep) + ".model"

    torch.save(net.state_dict(),outfile)
```

　全体のプログラム lstm1.py は以下のように実行します。

```
$ python lstm1.py
0 0 0.0
0 10 3311.9686279296875
0 20 2273.383834838867
0 30 1917.8294525146484
......
```

　上記のプログラムが終了すると、lstm1-0.model から lstm1-9.model までの
モデルのファイルが作成できています。

　バッチ処理したモデルであっても推論のプログラムはバッチにする必要はな
いので、前述した lstm0-test.py をそのまま使うことができます。ただここでは
参考としてバッチ処理する推論のプログラムも以下に示します。

　まず、テストデータに対する dataloader を作成します。データをランダムに取
り出す必要はないので shuffle=False にしておきます。

リスト3-10：lstm1-test.py

```
with open('xtest.pkl','br') as fr:
    xdata = pickle.load(fr)

with open('ytest.pkl','br') as fr:
    ydata = pickle.load(fr)

batch_size = 200
dataset = MyDataset(xdata,ydata)
dataloader = DataLoader(dataset, batch_size=batch_size,
```

```
                    shuffle=False,
                    collate_fn=my_collate_fn)
```

　次に、lstm0-test.pyと同様、基本的にlstm1.pyの学習部分を少し修正すれ
ばよいです。

リスト3-11:lstm1-test.py

```
real_data_num = 0   # データの個数
net.eval()
with torch.no_grad():
    ok = 0
    for xs, ys in dataloader:
        xs1, ys1 = [], []
        for k in range(len(xs)):
            real_data_num += len(xs[k])
            tid = xs[k]
            xs1.append(torch.LongTensor(tid))
            tid = ys[k]
            ys1.append(torch.LongTensor(tid))
        xs1 = pad_sequence(xs1,
                    batch_first=True).to(device)
        ys1 = pad_sequence(ys1,
                    batch_first=True,
                    padding_value=-1.0).to(device)
        output = net(xs1)
        ans = torch.argmax(output,dim=2)
```

```
        ok += torch.sum(ans == ys1).item()
print(ok, real_data_num, ok/real_data_num)   # 正解率の表示
```

3.6 多層LSTM

　LSTMはLSTMブロックの出力にまた別のLSTMブロックを適用して多層の LSTMにすることが可能です。図3-8は2層のLSTMを表しています。

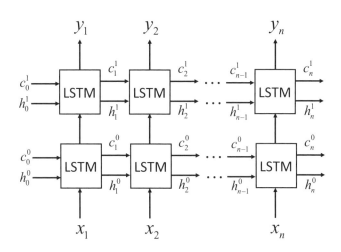

◆図3-8：2層のLSTM

　多層のLSTMをPyTorchで実装するのは簡単です。LSTMのオプションnum_ layersに層の数を与えるだけです。このオプションが省略された場合、層の数

は1になります。以下の例では2層のLSTMを生成しています。

```
>>> import torch.nn as nn
>>> lstm = nn.LSTM(200, 200,batch_first=True,num_layers=2)
```

このlstmに3.2節で作成した"私は犬が好き。"に対応するtensorの配列xnを入力してみます。

```
>>> h0 = torch.randn(2,1,200)
>>> c0 = torch.randn(2,1,200)
>>> yn, (hn, cn) = lstm(xn, (h0, c0))
>>> yn.shape
torch.Size([1, 6, 200])
>>> hn.shape
torch.Size([2, 1, 200])
>>> cn.shape
torch.Size([2, 1, 200])
```

2層であってもlstmの出力ynの形状は入力xnの形状と同じです。hやcの形状の第1成分が層の数を表しています。

サンプルプログラムlstm1.pyのLSTMを2層にしたものがlstm2.pyです。これは以下のように実行します。

```
$ python lstm2.py
0 0 0.0
0 10 3311.9686279296875
```

```
0 20 2273.383834838867
0 30 1917.8294525146484
......
```

　上記のプログラムが終了すると、`lstm2-0.model` から `lstm2-9.model` までの
モデルのファイルが作成できています。

　推論のプログラム `lstm2-test.py` は `lstm1-test.py` のモデルの定義の部
分を `lstm2.py` のモデルの定義に入れ替えるだけです。構築できた `lstm2-0.`
`model` から `lstm2-9.model` までのモデルを評価し、各エポック後の正解率を示
すと図3-9のようになりました。

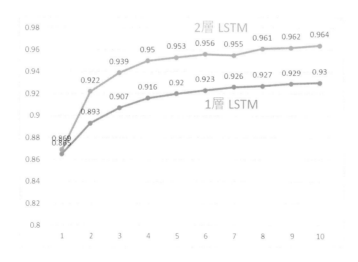

◆図3-9・各エポック後のモデルの正解率（2層のLSTM）

　図3-9には参考として1層のLSTMの結果（図3-6）も併せて示しています。2
層のLSTMのほうが、正解率が高いことがわかります。

3.7 双方向 LSTM

　時系列データの解析では現時点の時間 t のデータ x_t を解析するのにそれ以前のデータ $x_0, x_1, \cdots, x_{t-1}$ は利用できますが、それ以後のデータ $x_{t+1}, x_{t+2}, \cdots$ は利用できません。ただ自然言語処理の場合、系列データといっても実際は単語列からなる文や文書なので全体のデータが与えられる場合も多いです。その場合、時間 t のデータ x_t を解析するのにそれ以前の順方向の系列データ $x_0, x_1, \cdots, x_{t-1}$ と逆方向の系列データ $x_n, x_{n-1}, \cdots, x_{t+1}$ を同時に利用できます。

　順方向の系列データと逆方向の系列データはそれぞれ LSTM によって解析できるので、それら2つの LSTM を同時に扱うのが双方向の LSTM です（図3-10）。

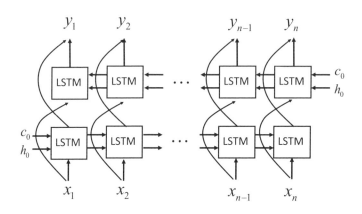

◆図3-10：双方向LSTM

　双方向の LSTM を PyTorch で実装するのは簡単です。LSTM のオプション bidirectional=True を与えるだけです。以下の例では2層の双方向の LSTM を生成しています。

```
>>> import torch.nn as nn
>>> lstm = nn.LSTM(200,200,batch_first=True,
                   num_layers=2,bidirectional=True)
```

このlstmに3.2節で作成した"私は犬が好き。"に対応するtensorの配列xnを入力してみます。

```
>>> h0 = torch.randn(4,1,200)
>>> c0 = torch.randn(4,1,200)
>>> yn, (hn, cn) = lstm(xn, (h0,c0))
>>> yn.shape
torch.Size([1, 6, 400])
>>> hn.shape
torch.Size([4, 1, 200])
>>> cn.shape
torch.Size([4, 1, 200])
```

lstmの出力ynの形状は入力xnの形状と基本的には同じですが、xn内の分散表現のサイズ200次元が2倍の400になっています。これは順方向のLSTMの出力200次元と逆方向のLSTMの出力200次元とを合わせているからです(図3-11)。

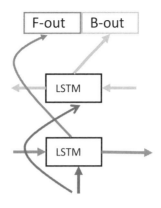

◆図3-11：双方向LSTMの出力

　全体のネットワークとしては、各ラベルの確率を算出する線形変換の入力の次元もLSTMの次元の2倍にします。

リスト3-12：lstm3.py

```
class MyLSTM(nn.Module):

    def __init__(self, vocsize, posn, hdim):

        super(MyLSTM, self).__init__()

        self.embd = nn.Embedding(vocsize, hdim,
                                 padding_idx=0)

        self.lstm = nn.LSTM(hdim, hdim, batch_first=True,
                            num_layers=2,
                            bidirectional=True)

        self.ln   = nn.Linear(hdim*2, posn)

    def forward(self, x):

        ......
```

前章で解説した2層のLSTM(lstm2.py)を双方向にしたものがlstm3.pyです。これは以下のように実行します。

```
$ python lstm3.py
0 0 0.0
0 10 3683.931610107422
0 20 3367.188690185547
0 30 2783.343994140625
......
```

上記のプログラムが終了すると、lstm3-0.modelからlstm3-9.modelまでのモデルのファイルが作成できています。これらのモデルを評価して、各エポック後の正解率を示すと図3-12のようになりました。

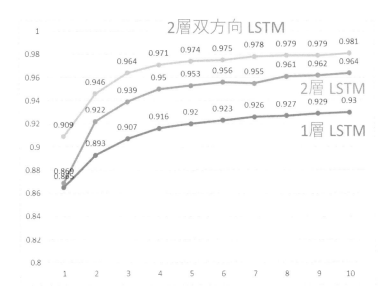

◆図3-12：各エポック後のモデルの正解率（2層双方向LSTM）

　図3-12には参考として1層のLSTMの結果と2層のLSTMの結果（図3-9）も併せて示しています。2層の双方向LSTMが最も正解率が高いことがわかります。

PyTorch自然言語処理プログラミング

第4章

seq2seqモデルによる機械翻訳
〜ある系列を別の系列に変換〜

4.1 seq2seqモデルとは何か

seq2seqモデルとは、ある系列データを別の系列データに変換するモデルです。自然言語処理では文を生成するタスク（たとえば要約や対話など）に使われます。なかでもこのモデルの典型的利用例がNMT（Neural Machine Translation）です。NMTの基本的なモデルはencoderとなるLSTM1とdecoderとなるLSTM2をつなげた図4-1のようなネットワークです。

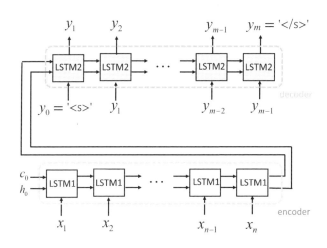

◆図4-1：NMTのネットワーク図

NMTでは、encoderとなるLSTM1に入力となる系列データが順次入力されます。通常のLSTMとは異なり、個々の系列データに対する出力は利用されません。利用するのは最後の系列データが入力されたときに出力されるhです。hはdecoderとなるLSTM2に渡され、同時にLSTM2には文頭を表す〈s〉が入力されます。その際の出力y_1が次のLSTM2への入力になります。これを文末の記号$y_m =$ '〈/s〉' が出力されるまで繰り返します。結果として系列データ$y_1, y_2, \cdots,$

y_m が得られます。

　上記は実際のモデルが存在するときにそのモデルを使って入力系列から出力系列を得る処理です。モデルの学習の場合は、出力 y_1 が得られた際に教師データの t_1 との比較から損失値を計算します。次に decoder に入力されるのは、推論の場合は y_1 でしたが、学習では教師データの t_1 が入力されます。そして出力 y_2 が得られた際に教師データの t_2 との比較から損失値を計算します。これを文末の記号 t_m ='</s>' まで繰り返し、各単語で算出された損失値の総和から勾配を求めてパラメータを更新することから学習が行われます（図4-2）。

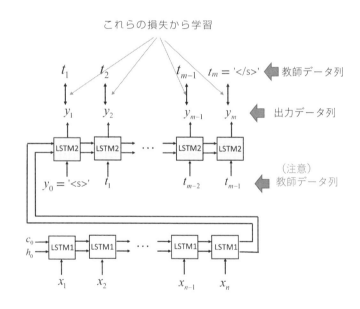

◆図4-2：NMTの学習

4.2 | NMT の学習

　seq2seq モデルは単に2つの LSTM をつなげたもので、そのモデル自体は PyTorch のライブラリとしては提供されていません。自前で実装するしかないと思いますが、それほど難しくはありません。ここでは田中コーパス[1]（日英対訳データ）を使って、日英の NMT を実装してみます。

　まずモデルですが、図4-3の形にします。

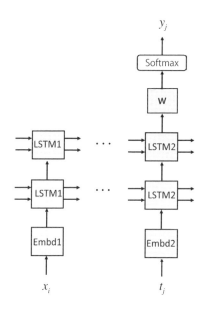

◆図4-3：実装する日英のNMTのモデル

　LSTM1 と LSTM2 は2層にします。単語の潜在表現（分散表現、埋め込み表現）は200次元に設定します。そのため、LSTM1 と LSTM2 の入出力のベクトル

※1　http://www.edrdg.org/wiki/index.php/Tanaka_Corpus

も200次元です。日本語の単語idを分散表現（200次元）に直す線形変換を
Embd1とし、decoderのLSTMの出力から英語の各単語に対応する確率を算出
する線形変換をWとしています。英語の単語数をevとしたとき、Wの形状は
$200 \times ev$となります。Wの出力からSoftmaxをとることで、実際の英単語が出力
されます。また、日本語単語のリストと英語単語のリストの両方に対して、文
頭記号<s>、文末記号</s>および未知語<unk>が加わることに注意してくださ
い。

　次に具体的なデータですが、田中コーパスを簡単に使えるように編集したも
のが以下のサイトで公開されています。

　　　　　https://github.com/odashi/small_parallel_enja

このサイトで公開されている以下のファイルを利用します。

train.ja: 訓練用の日本語文、1行1文、50,000文

train.ja.vocab.4K: 日本語の語彙辞書、4,096語

test.ja: テスト用の日本語文、1行1文、500文

train.en: 訓練用の英語文、1行1文、50,000文

train.en.vocab.4K: 英語の語彙辞書、4,096語

test.en: テスト用の英語文、1行1文、500文

　train.ja.vocab.4K や train.en.vocab.4K には<s>、</s>および<unk>が
すでに含まれています。

　NMTの処理では、最初に train.en.vocab.4K からシステムで利用する英語
の辞書を作っておきます。

リスト4-1:nmt.py

```
id, eid2w, ew2id = 1, {}, {}
with open('train.en.vocab.4k','r',encoding='utf-8') as f:
    for w in f:
        w = w.strip()
        eid2w[id] = w
        ew2id[w] = id
        id += 1
ev = id
```

　eid2wは英単語idをkeyとし、英単語をvalueとした辞書で、ew2idはその逆で英単語をkeyとし、英単語idをvalueとした辞書です。単語idはPaddingの処理を考慮して1からにしています。変数evが英語単語の総数となります。同様にしてtrain.ja.vocab.4Kからjid2w、jw2idおよびjvも作成しておきます。

　次にtrain.enから英語文の訓練データedataを作成します。

リスト4-2:nmt.py

```
edata = []
with open('train.en','r',encoding='utf-8') as f:
    for sen in f:
        wl = [ew2id['<s>']]
        for w in sen.strip().split():
            if w in ew2id:
                wl.append(ew2id[w])
            else:
```

```
        wl.append(ew2id['<unk>'])
    wl.append(ew2id['</s>'])
    edata.append(wl)
```

　英語文はew2idを利用して単語id列に対応するリストにします。文頭には
〈s〉のid、文末には〈/s〉のidを加えることに注意してください。各英語文に対
する単語id列のリストを集めたリストがedataです。同様にしてtrain.jpから
日本語文の訓練データjdataを作成します。

　次にモデルですが、図4-3をそのままコード化すればよいので、以下のように
なります。

リスト4-3：nmt.py

```
class MyNMT(nn.Module):
    def __init__(self, jv, ev, k):
        super(MyNMT, self).__init__()
        self.jemb = nn.Embedding(jv, k)
        self.eemb = nn.Embedding(ev, k)
        self.lstm1 = nn.LSTM(k, k, num_layers=2)
        self.lstm2 = nn.LSTM(k, k, num_layers=2)
        self.W = nn.Linear(k, ev)
    def forward(self, jline, eline):
        x = self.jemb(jline)
        ox, (hnx, cnx) = self.lstm1(x)
        y = self.eemb(eline)
        oy, (hny, cny) = self.lstm2(y,(hnx, cnx))
```

```
        out = self.W(oy)

        return out
```

　forwardでは最後のsoftmaxが省かれていますが、その計算はクロスエン
トロピーで損失を計算するnn.CrossEntropyLoss内で行われるので、学習の
フェーズでは必要ありません。

　学習のプログラムは以下のようになります。

リスト4-4：nmt.py

```
net.train()
for epoch in range(20):   # 20エポックまで学習
    loss1K = 0.0
    for i in range(len(jdata)):
        jinput = torch.LongTensor([jdata[i][1:]]).to(device)
        einput = torch.LongTensor([edata[i][:-1]]).to(device)
        out = net(jinput, einput)
        gans = torch.LongTensor([ edata[i][1:] ]).to(device)
        loss = criterion(out[0],gans[0])
        loss1K += loss.item()
        if (i % 100 == 0):
            print(epoch, i, loss1K)
            loss1K = 0.0
        optimizer.zero_grad()
        loss.backward()
        optimizer.step()
```

```
    outfile = "nmt-" + str(epoch) + ".model"
    torch.save(net.state_dict(),outfile)
```

　ここでは日本語文も英語文も文頭に<s>と文末に</s>が付いているので、モデルに与える日本語文では文頭を除いた文に直し、英語文では文末を除いた文に直す必要があります。また、教師データとなる英語文はモデルに与える英語文と基本的には同じですが、1つ先の単語が正解になるので、単語列を1つ左に移動させておく必要があります。また、上記のプログラムは100文ごとにその損失値の合計を表示させています。

　全体のプログラムは nmt.py です。これは以下のように実行します。20エポックまで学習させています。

```
$ python nmt.py
0 0 8.304598808288574
0 100 830.400411605835
0 200 826.2830562591553
0 300 821.5101890563965
......
```

　上記のプログラムが終了すると、nmt-0.model から nmt-19.model までのモデルのファイルができています。

4.3 NMT のモデルによる翻訳

　NMT のモデルを利用して推論（つまり翻訳）を行う場合は、モデルの
forward をそのまま利用することはできません。NMT のモデルの入力には、対
訳ペアが必要ですが、推論時には当然目的言語側の訳文はないからです。
NMT のモデルを利用して翻訳を行う場合は、encoder の部分は学習時と同じ処
理を行い、decoder の部分は 1 単語ずつ処理を行い、decoder で出力された単
語を次の decoder の入力単語とすることで訳文を生成します。文末記号</s>が
出力されれば終了ですが、文末記号は必ず出力されるとは限らないので、生
成文が 30 単語超えたときには終了することにします。

リスト4-5：nmt-test.py

```
esid = ew2id['<s>']      # 文頭のid

eeid = ew2id['</s>']     # 文末のid

net.eval()

with torch.no_grad():

    for i in range(len(jdata)):

        jinput = torch.LongTensor([ jdata[i][1:] ]).to(device)

        x = net.jemb(jinput)

        ox, (hn, cn) = net.lstm1(x)  # encoderはそのまま

        wid = esid    # 文頭をdecoderに入れて訳文生成の開始

        sl = 0

        while True:

            wids = torch.LongTensor([[ wid ]]).to(device)

            y = net.eemb(wids)

            oy, (hn, cn) = net.lstm2(y, (hn, cn))
```

```
        oy1 = net.W(oy)
        wid = torch.argmax(F.softmax(oy1[0],dim=1)).item()
        if (wid == eeid):
            break
        print(eid2w[wid]," ",end='')
        sl += 1
        if (sl == 30):
            break
    print()
```

上記のプログラムを利用して test.ja の各文を翻訳するプログラムが nmt-test.py です。以下のように実行します。引数として構築したモデルを指定します。

```
$ python nmt-test.py nmt-19.model
they  made  it  that  it  was  true  .
he  was  not  at  all  <unk>  .
he  is  always  kind  to  her  sister  .
you  must  come  back  before  time  .
i  hope  for  success  to  succeed  .
......
```

4.4 │ BLEU による NMT の評価

　機械翻訳システムの評価は難しい問題です。正解の訳文（参照訳）が存在する場合には標準的にBLEUという評価法が使われます。概略を述べれば、これは参照訳とシステムが出力した訳文（翻訳文）との類似度を文字や文字列の一致する度合いから算出し、その類似度の度合いでシステムを評価するものです。評価値としては0.0から100.0の間の値となり、高い数値ほどシステムの訳文がよいことを意味します。40.0以上の数値を出せれば、高精度のシステムと見なせると思います。

　BLEUを算出するには、NLTK[※2]で提供されているcorpus_bleuという関数が使えます。以下のように使います。goldが各文に対する参照訳ですが、参照訳は複数指定できる形になっています。スコアは0.0から1.0の値で算出されるので、これに100を乗じた数値がBLEUの値となります。

```
>>> from nltk.translate.bleu_score import corpus_bleu
>>> myans= [['It', 'is', 'a', 'cat', 'at', 'room'],
            ['I', 'like', 'my', 'dog']]
>>> gold = [[['It', 'is', 'a', 'cat', 'inside', 'the', 'room']],
            [['I', 'love', 'a', 'dog']]]
>>> score = corpus_bleu(gold, myans)
>>> score
0.34798263089149919
```

※2　http://www.nltk.org/

　BLEUを利用して4.2節で構築したNMTのモデルを評価してみます。nmt-test.pyにモデルnmt-X.modelを指定して得られた結果をファイルに保存します。そのファイルの訳文と参照訳test.enからBLEUのスコアを算出します。このプログラムmybleu.pyは以下のようになります。引数にモデルから生成された訳文を保存したファイルを指定する形です。

リスト4-6：mybleu.py

```python
import sys
argvs = sys.argv


gold = []
with open('test.en','r',encoding='utf-8') as f:
    for sen in f:
        w = sen.strip().split()
        gold.append([ w ])


myans = []
with open(argvs[1],'r') as f:
    for sen in f:
        w = sen.strip().split()
        myans.append(w)


from nltk.translate.bleu_score import corpus_bleu
score = corpus_bleu(gold, myans)
print(100*score)
```

　4.2節で構築したモデルを`mybleu.py`により評価し、その結果を図4-4に示します。図4-4の横軸Xがモデル`nmt-(X-1).model`を表し、縦軸がそのモデルのBLEUのスコアを表します。

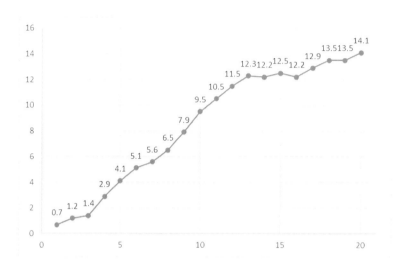

◆図4-4：構築したNMTモデルのBLEUによる評価

　図4-4を見ると、学習が進むにつれてBLEUスコアが上昇していくのはわかりますが、この程度の学習では低いスコアしか出ていません。もっとエポック数を上げて学習する必要があります。

4.5 | Attention の導入

前述したseq2seqモデルだけで高精度のNMTを構築するのは困難です。encoderからdecoderに渡る原文の情報がencoderのLSTMからの（hn，cn）のベクトルだけだからです。そのため、Attentionという仕組みをseq2seqモデルに導入してNMTの精度を上げることが行われています。現在、Attention付きのseq2seqモデルがNMTの標準モデルとなっています。

Attentionは、概略を述べれば、decoder側に渡す情報を入力全体の情報ではなく、入力の一部に焦点を当てたベクトルにする処理です。たとえば「私は犬が好き」という文を英訳するのに、seq2seqのモデルで「I love a」までを出力した後、次に出力する単語を決めるのに入力文全体を見るだけではなく、「犬」という単語からの情報に重みを付けるようなイメージです。基本的には、encoder側で各入力単語に対する中間層の情報を保持しておき、decoder側でそれを利用する形で実現されます。seq2seqモデルのNMTにAttentionを導入したモデルのネットワークは図4-5のようになります。

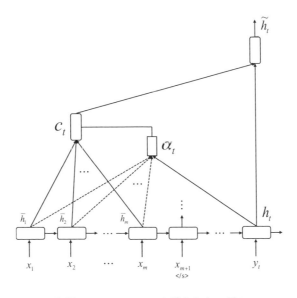

◆図4-5：Attentionを導入したモデル

実際の翻訳処理ですが、encoderの入力 $x_1, x_2, \cdots, x_n$ は通常のseq2seqモデルと同様です。ただ1つ異なるのは、各 x_i に対して、中間層の出力である $\bar{h}_i$ を保持していることです。次に、decoderでは y_t の入力から w_t を出力し、この w_t を次の入力 y_{t+1} とします。この形は通常のseq2seqモデルと同じですが、w_t の作り方が異なります。

まず y_t に対するLSTMからの出力を h_t とします。encoderで保持しておいた $\bar{h}_i$ を使って、以下の値 $\alpha_t(i)$ を計算します。

$$\alpha_t(i) = \frac{\exp((\bar{h}_i, h_t))}{\sum_{j=1}^{m} \exp((\bar{h}_j, h_t))}$$

$(\bar{h}_i, h_t)$ は $\bar{h}_i$ と h_t の内積を表します。結局、$\alpha_t(i)$ は y_t と x_i との類似度をSoftmaxで正規化したものと見なせます。この $\alpha_t(i)$ と $\bar{h}_i$ を使って以下のcontext vector c_t を作ります。

$$c_t = \sum_{i=1}^{m} \alpha_t(i)\bar{h}_i$$

次に、c_t と h_t を連結させたベクトル $[c_t; h_t]$ を作り、これを線形作用素 W_c で重みを付けて y_t に対する中間層の出力 $\tilde{h}_t$ を作ります。

$$\tilde{h}_t = W_c[c_t; h_t]$$

後は素のseq2seqモデルと同じように、$\tilde{h}_t$ に対して線形作用素 W で各英単語が生成される程度を求めます。

上記は推論の処理になりますが、学習の処理はパラメータとして W_c が増えているだけです。特に問題はありません。

モデルの設定は以下のようになります。

リスト4-7：att-nmt.py

```
class MyAttNMT(nn.Module):

    def __init__(self, jv, ev, k):

        super(MyAttNMT, self).__init__()

        self.jemb = nn.Embedding(jv, k)

        self.eemb = nn.Embedding(ev, k)

        self.lstm1 = nn.LSTM(k, k, num_layers=2,
                                batch_first=True)

        self.lstm2 = nn.LSTM(k, k, num_layers=2,
                                batch_first=True)

        self.Wc = nn.Linear(2*k, k)

        self.W = nn.Linear(k, ev)

    def forward(self, jline, eline):

        x = self.jemb(jline)

        ox, (hnx, cnx) = self.lstm1(x)

        y = self.eemb(eline)

        oy, (hny, cny) = self.lstm2(y,(hnx, cnx))

        ox1 = ox.permute(0,2,1)

        sim = torch.bmm(oy,ox1)

        bs, yws, xws = sim.shape

        sim2 = sim.reshape(bs*yws,xws)

        alpha = F.softmax(sim2,dim=1).reshape(bs, yws, xws)

        ct = torch.bmm(alpha,ox)

        oy1 = torch.cat([ct,oy],dim=2)

        oy2 = self.Wc(oy1)
```

```
        return self.W(oy2)
```

　上記のプログラムはAttentionの処理をfor文を使わずに書いているので、少し読みづらいですが、それほど複雑ではありません。まず、ox，(hnx，cnx) = self.lstm1(x)で出力されるoxの形状は以下のとおりです。

　　（ バッチサイズ(bs)，原文の単語数(ws1)，中間表現の次元数(dd) ）

また、以下がoyの形状です。

　　（ バッチサイズ(bs)，訳文の単語数(ws2)，中間表現の次元数(dd) ）

　oyの各単語に対して原文の各単語との類似度を内積によって測るために、oxの軸を入れ替えて以下の形状にします。

　　（ バッチサイズ(bs)，中間表現の次元数(dd)，原文の単語数(ws1) ）

　これがox1 = ox.permute(0,2,1)です。sim = torch.bmm(oy,ox1)によって、simは以下の形状になり、目的としたoyの各単語の対する原文の各単語との類似度が求まります。

　　（ バッチサイズ(bs)，訳文の単語数(ws2)，原文の単語数(ws1) ）

　次に、simに対してF.softmaxを使うために、simの形状を以下のように変更します。

　　（ バッチサイズ(bs)＊訳文の単語数(ws2)，原文の単語数(ws1) ）

そして、F.softmaxの計算の後に、以下のように戻します。

（ バッチサイズ(bs)，訳文の単語数(ws2)，原文の単語数(ws1) ）

ここで得られたalphaが先に説明した$\alpha_t(i)$に相当し、

$$c_t = \sum_{i=1}^{m} \alpha_t(i)\bar{h}_i$$

が ct = torch.bmm(alpha,ox)に相当します。

　全体のプログラムはatt-nmt.pyです。これは以下のように実行します。20エポックまで学習させています。

```
$ python att-nmt.py
0 0 8.301465034484863
0 100 829.0249900817871
0 200 823.7727479934692
0 300 818.9219951629639
......
```

　上記のプログラムが終了すると、attnmt-0.modelからattnmt-19.modelまでのモデルのファイルができています。

4.6 │ Attention 付き NMT のモデルによる翻訳

　4.5節で構築した Attention 付き NMT のモデルによる翻訳を試してみます。これは nmt-test.py で行ったように encoder の処理が終わった後に、decoder に文頭記号を入力し、1単語生成し、その生成された1単語を次の入力として decoder に入力するという処理を文末記号が現れるまで繰り返せばよいです。

　プログラムとしてはモデルの forward の核の部分を取り出せば容易に実現できます。以下のような形になります。

リスト4-8：att-nmt-test.py

```
esid = ew2id['<s>']

eeid = ew2id['</s>']

net.eval()

with torch.no_grad():

    for i in range(len(jdata)):

        jinput = torch.LongTensor([ jdata[i][1:] ]).to(device)

        x = net.jemb(jinput)

        ox, (hnx, cnx) = net.lstm1(x)

        wid = esid

        sl = 0

        while True:

            wids = torch.LongTensor([[ wid ]]).to(device)

            y = net.eemb(wids)

            oy, (hnx, cnx) = net.lstm2(y,(hnx, cnx))
```

```
        ox1 = ox.permute(0,2,1)

        sim = torch.bmm(oy,ox1)

        bs, yws, xws = sim.shape

        sim2 = sim.reshape(bs*yws,xws)

        alpha = F.softmax(sim2,dim=1).reshape(bs, yws, xws)

        ct = torch.bmm(alpha,ox)

        oy1 = torch.cat([ct,oy],dim=2)

        oy2 = net.Wc(oy1)

        oy3 = net.W(oy2)

        wid = torch.argmax(oy3[0]).item()

        if (wid == eeid):

            break

        print(eid2w[wid]," ",end='')

        sl += 1

        if (sl == 30):

            break

    print()
```

　4.5節で構築したモデルを`mybleu.py`により評価し、その結果を図4-6に示します。

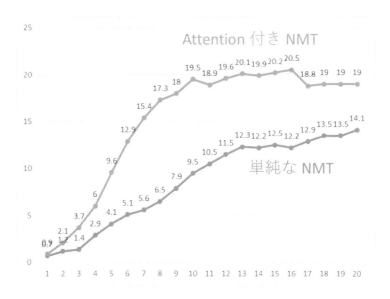

◆図4-6：構築したAttention付きNMTモデルのBLEUによる評価

　図4-6には参考として単純なNMTモデルでの結果（図4-4）も併せて示しています。Attention付きのNMTモデルのほうが、性能が高いことがわかります。

4.7 ｜ バッチ処理への改良

　前節までに実装例を示したAttention付きNMTの学習や推論にはバッチ処理が入っていません。推論にバッチ処理を入れる必要はあまりないのですが、学習にはバッチ処理を導入したほうがよいです。

　LSTMのときに説明したように、自然言語処理では入力文の長さが揃ってい

ないので、バッチ処理を行うのが面倒です。ただLSTMのバッチ処理で利用した Paddingの処理でAttention付きNMTもバッチ処理が可能です。

　対訳ペアをバッチ処理するのですが、原文のデータと訳文のデータそれぞれに対してPaddingの処理を行えばよいです。原文のデータにはPaddingの値として0を埋めます。訳文のデータをモデルのforwardで使う場合には、Paddingの値は0を埋めますが、訳文のデータを教師データとして使う場合には、Paddingの値は-1を埋めることに注意してください。また、nn.Embeddingのオプションにpadding_idx=0を付け、CrossEntropyLossのオプションにignore_index=-1を付けます。

リスト4-9：att-nmt2.py

```
net.train()
for ep in range(20):
    i = 0
    for xs, ys in dataloader:
        xs1, ys1, ys2 = [], [], []
        for k in range(len(xs)):
            tid = xs[k]
            xs1.append(torch.LongTensor(tid[1:]))
            tid = ys[k]
            ys1.append(torch.LongTensor(tid[:-1]))
            ys2.append(torch.LongTensor(tid[1:]))
        jinput = pad_sequence(xs1,
                            batch_first=True).to(device)
        einput = pad_sequence(ys1,
                            batch_first=True).to(device)
```

```
        gans = pad_sequence(ys2, batch_first=True,
                            padding_value=-1.0).to(device)

        out = net(jinput, einput)

        loss = criterion(out[0],gans[0])

        for h in range(1,len(gans)):

            loss += criterion(out[h],gans[h])

        print(ep, i, loss.item())

        optimizer.zero_grad()

        loss.backward()

        optimizer.step()

        i += 1
    outfile = "attnmt2-" + str(ep) + ".model"
    torch.save(net.state_dict(),outfile)
```

　バッチ処理の際のバッチサイズはモデルの精度に影響を与えます。最適な
サイズは試行錯誤でしかわかりませんが、現実的にはGPUのメモリが許す限り
のバッチサイズにすればよいと思います。

　参考までに上記プログラムatt-nmt2.py[3]で構築したモデルに対して
mybleu.pyによって評価し、その結果を図4-7に示します。

※3　　バッチサイズは100にしています。

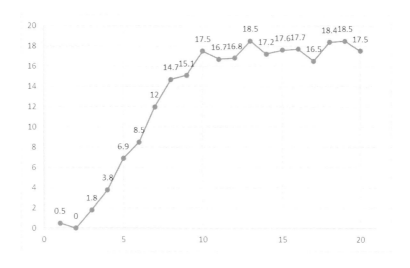

◆図4-7：バッチ処理したAttention付きNMTモデルのBLEUによる評価

　バッチ処理にすると学習速度はかなり改善されますが、少し性能が落ちていることがわかります。

4.8 SentencePieceによる単語分割

　NMTに関連してSentencePieceによる単語分割についても説明しておきます。

　NMTの課題の1つとして未知語があります。登録単語数を増やしていけば未知語の数は減らせますが、学習しなければならない分散表現が膨大になってしまいます。また、NMTでは訳文の各単語を出力する際に、登録単語数分の確率を算出しないといけないので、処理速度の点からも登録単語数をあまり大きく

することはできません。そこで低頻度の単語に対してはその単語を文字や部分文字列に分割するsubwordという単語分割法がNMTでは標準的に使われます。分割された文字や部分文字列はsubwordが用いる単語リスト内には必ず存在するので、subwordで単語分割を行えば未知語は生じません。また、subwordが用いる単語リストの大きさはあらかじめ設定して構築しておく形なので、システムで利用する単語の数を自由に設定できます。

subwordとしてはBPE（Byte Pair Encoding）が標準です。単純なアルゴリズムなので公開されているプログラムは多いのですが、以下のsubword-nmtが有名です。

```
https://github.com/rsennrich/subword-nmt
```

ただBPEは英語のように空白で区切られた単語列のテキストが対象なので、日本語に適用するには最初に単語分割が必要ですが、本当に機械処理に適した分割になっているのかどうかわかりません。その辺りを改良したsubwordがSentencePieceです。以下のサイトにその説明と導入方法が書かれています。

```
https://github.com/google/sentencepiece
```

コマンドラインで使うよりもPythonでラップして使うほうが簡単です。その場合、まずpipでインストールします。

```
$ pip install sentencepiece
```

学習は以下のように行います。--inputでは学習対象コーパスを指定します。このファイルは1行1文のテキストです。--vocab_sizeで構築する語彙の数を指定します。--model_prefixで作成するモデルのファイル名を指定します。

```
>>> import sentencepiece as spm
>>> sp = spm.SentencePieceProcessor()
>>> spm.SentencePieceTrainer.Train("--input=mai08.txt
  --model_prefix=mai08model --vocab_size=8000")  # 1行で書く
```

上記から mai08model.model と mai08model.vocab というモデルが作成され
ます。mai08model.model がモデルです。mai08model.vocab は語彙リストで
あり、この場合、8,000 行のテキストファイルです。このモデルを利用して以下
のように単語分割が行えます。

```
>>> sp.Load("mai08model.model")
>>> s = "私は犬が大大大好き"
>>> sp.EncodeAsPieces(s)
['?私は', '犬', 'が', '大', '大', '大', '好き']
>>> sp.EncodeAsIds(s)   # 単語をidで表記
[3080, 2348, 8, 41, 41, 41, 2479]
```

'?私は' の '?' は文頭の記号です。文頭で "私は" で始まる文字列の頻度が
高かったので、"?私は" が 1 単語として登録されているということです。この単
語の id は 3080 なので、mai08model.vocab の 3,081 行目が "?私は" であること
が確認できます[※4]。

※4   id は 0 から付けられているので、単語 id の単語は id+1 番目の行に記載されています。

MEMO

PyTorch自然言語処理プログラミング

第5章

事前学習済み
モデルBERTの
活用

～タスクに応じてモデルを
調整～

5.1 BERTとは

　BERT（Bidirectional Encoder Representations from Transformers）とは自然言語処理のタスクのためのネットワークモデルに対する事前学習済みモデルです。

　自然言語処理のタスク、たとえば、文が肯定的か否定的かを判定する感情分析をあるネットワークモデルで解決することを考えてみましょう。そのモデルではまず入力文である単語列の各単語をベクトルで表現するはずです。たとえばword2vecなどを利用して単語を分散表現にすることも1つの方法です。BERTは文に対応する単語列を埋め込み表現列に変換します[※1]。そしてこの埋め込み表現列を利用して感情分析の処理が行われ、最終的に肯定的か否定的かが出力されます（図5-1）。

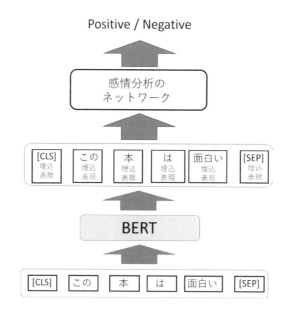

◆図5-1：BERTを用いた感情分析

※1　　　図5-1の[CLS]と[SEP]はBERTで使われる特殊tokenであり、文頭と文末の記号に対応しています。

　BERTが行うこの変換だけを見るとword2vecで分散表現データを構築しておき、各単語を分散表現に変換するのと同じように見えるかもしれませんが、2つの点で大きな違いがあります。

　1つはBERTが出力する単語の埋め込み表現が文脈依存になっていることです。たとえば「私は犬が好き。」の「犬」と「奴は警察の犬だ。」の「犬」は語義が異なります。最初の文の「犬」はanimalで次の文の「犬」はspyです。語義は異なりますが分散表現データでは「犬」に対する分散表現は固定したものであり、どちらの文の「犬」に対しても同じベクトルを出力します。一方、BERTの出力する埋め込み表現は文脈依存であるため、「犬」の周辺の単語との関係から埋め込み表現が作られます。その結果、上記の2つの文の「犬」に対する埋め込み表現は異なるものとなります。

　もう1つの違いは、BERTはネットワークモデルであり、下流のタスク（この場合、感情分析）に応じてネットワークの重みを修正できることです。word2vecなどから構築される分散表現データは辞書のようなものであり、どのタスクに対しても同じデータが使われます。タスクの領域に対するコーパスを利用して分散表現データを再構築することもありますが、タスクの種類、たとえば感情分析のタスクや質問応答のタスクなど、タスクに応じてその分散表現データを変更することはできません。一方、BERTはネットワークモデルであり、下流のタスクのネットワークも合わせた全体を1つのネットワークと見なせるので、下流のタスクのネットワークを学習する際にBERT自体も学習することができます。この場合、BERTはあらかじめ作られているベースとなるモデルで、そのベースのモデルをタスクに応じて調整していることになります。このようにタスクに応じて調整されることを前提にあらかじめ構築されたモデルを事前学習済みモデル（pre-trained model）と呼び、また、事前学習済みモデルを微調整する学習をfine-tuningと呼びます。基本的にBERTはfine-tuningを行って利用します（図5-2）。

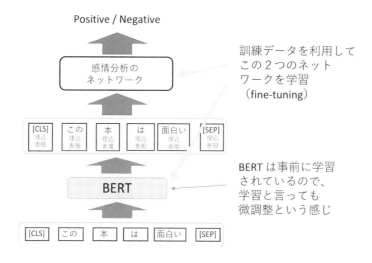

◆図5-2：BERTのfine-tuning

5.2 │ Self-Attention とは

　BERT は文脈依存の単語埋め込み表現列を出力します。その仕組みとそれが意味するものは複雑です。概略を述べれば、BERT は Self-Attention の処理を12回（あるいは24回）繰り返すことで文脈依存の単語埋め込み表現列を出力しています[2]。BERT を利用するだけなら Self-Attention について知らなくてもかまいませんが、ここで解説する内容くらいを理解していれば、利用するだけにしても少しは納得感が得られるのではと思います。

　Self-Attention は入力系列 $x_1, x_2, \cdots, x_t$ を出力系列 $y_1, y_2, \cdots, y_t$ に変換する処理で

※ 2　厳密には Self-Attention ではなく、Self-Attention を複数個用意した Multi-head Attention です。さらに BERT は Self-Attention 以外にもいくつかの技術が使われています。

す。x_iとy_iが対応しており、y_iはx_iをある操作で変換したものと見なせます。また、ここでx_iとy_iは同じ次元のベクトルです（図5-3）。

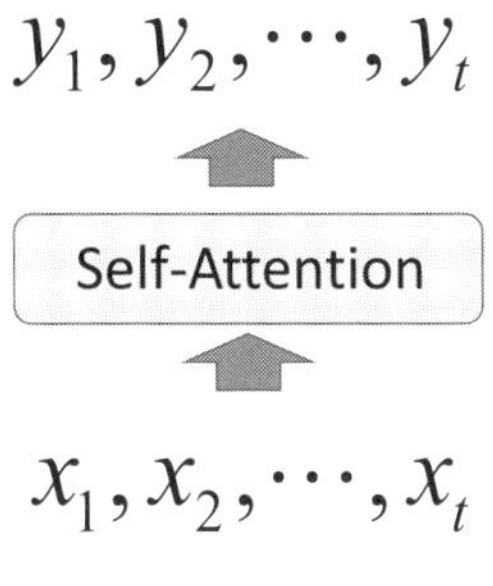

$$y_1, y_2, \cdots, y_t$$

Self-Attention

$$x_1, x_2, \cdots, x_t$$

◆図5-3：系列変換としてのSelf-Attention

まずここで誤解されやすいポイントがあるのですが、$x_1, x_2, \cdots, x_t$が与えられれば$y_1, y_2, \cdots, y_t$を算出する計算式は決まっており、ここには学習というフェーズはありません。その計算式は以下のとおりです。

$$y_j = \sum_{i=1}^{t} w_{ij} x_i$$

つまりy_jは入力であるベクトルの重み付き和によって求められます。その重みw_{ij}ですが、これは以下の式で定義されます。

$$w_{ij} = \frac{exp((x_i, x_j))}{\sum_{i=1}^{t} exp((x_i, x_j))}$$

(x_i, x_j)はx_iとx_jの内積です。内積は類似度を意味するので、データx_iと入力系列$x_1, x_2, \cdots, x_t$の各データとの類似度を調べて、Softmaxで正規化したものがw_{ij}となります（図5-4）。

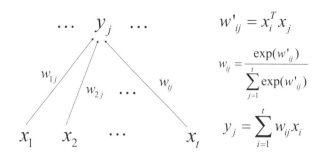

◆図5-4：Self-Attentionによる変換

　先ほど述べたように上記の処理自体は学習とは無関係です。Self-Attentionの学習対象は入力系列の各データであるx_iそのものと言えます。ただし、x_iベクトルの各要素をパラメータとして表すのではなく、Self-Attentionの計算におけるx_iの役割に対応した線形変換を用意し、その線形変換、つまり行列をパラメータとします。その役割ですが、Self-Attentionが辞書構造になっている点から、Query、KeyおよびValueの3つが設定されています。w_{ij}の分子に現れる(x_i, x_j)のx_iがQueryでありx_jがKeyです。また、$y_j = \sum_{i=1}^{t} w_{ij} x_i$の$x_i$がValueです。$x_i$が$k$次元である場合、Query、KeyおよびValueに対応する$k \times k$の行列Q、KおよびVがSelf-Attentionにおけるパラメータです。

　入力系列$x_1, x_2, \cdots, x_t$は、各データをk次元ベクトルとすれば、入力系列は$t \times k$の行列Xとして表せます。XQの$t \times k$の行列がQueryになり、XKの$t \times k$の行列がKeyになります。$(XQ, XK) = (XQ)(XK)^T$で$t \times t$の行列が得られます。この行列の要素が(x_i, x_j)になっています。よって出力系列$y_1, y_2, \cdots, y_t$の$t \times k$の行列Yは以下により求まります。

$$Y = softmax((XQ, XK))(XV)$$

　これがSelf-Attentionです。ただし、これだけでは単語の位置の情報が考慮さ

れないことに注意してください。「私 は 犬 が 好き」も「好き 犬 は が 私」も同じ結果です。BERTでは上記のSelf-Attentionの上にいくつかの工夫が組み込まれています。

5.3 | 既存BERTモデルの利用

　BERTは非常に大きなモデルです。標準のBERTモデルであるbert-baseと呼ばれるモデルのパラメータ数は約1億1千万個です。Self-Attentionに相当する層は12層あります。bert-baseの層を2倍の24層にしたbert-largeと呼ばれるモデルのパラメータ数は約3億4千万個です[※3]。このような大規模なモデルを学習するためには、大量のデータと計算機資源が必要であり、その学習を簡単に試すことは困難です。しかしBERTは事前学習済みモデルであり、タスクに応じてBERTを微調整すればよいので、BERT自体を自身で構築するのではなく、公開されているBERTモデルがあるのなら、それを利用すればよいです。

　現在、いくつかの日本語のBERTモデルが公開されています。以下の5つが比較的有名だと思います。

●京大版BERT

```
http://nlp.ist.i.kyoto-u.ac.jp/?ku_bert_japanese
```

※3　層の数の違いだけでなく、bert-base では埋め込み表現の次元数が 768 ですが、bert-large では 1024 となっています。

●東北大版BERT

　　　https://github.com/cl-tohoku/bert-japanese

●Stockmarks版BERT

　　　https://drive.google.com/drive/folders/1iDlmhGgJ54rkVBtZvg
　　　MlgbuNwtFQ5OV-

●NICT版BERT

　　　https://alaginrc.nict.go.jp/nict-bert/index.html

●Laboro版BERT

　　　https://github.com/laboroai/Laboro-BERT-Japanese

　公開されているBERTモデルを使う際にはTokenizerとして何を使うのかを注意しなければなりませんが、それよりもまずモデルがTensorFlowのモデルである場合、それをPyTorchのモデルに変換したほうがよいです。

　たとえばLaboro版のBERTをダウンロードして展開すると以下のファイルが得られます。

```
bert_config.json
model.ckpt-3900000.data-00000-of-00001
model.ckpt-3900000.index
model.ckpt-3900000.meta
webcorpus.model
webcorpus.vocab
webcorpus_base_model.zip
```

このうち bert_config.json がモデルの設定ファイルであり、model.* という
ファイル群が TensorFlow のモデルです。この TensorFlow のモデルを PyTorch の
モデルに変換するには、HuggingFace[4] から提供されているライブラリを使うと
簡単です。以下のように行えます。ここではモデルのファイル名を laboro.bin
としました。

```
>>> from transformers import BertConfig, BertForPreTraining
>>> bertcfg = BertConfig.from_pretrained('bert_config.json')
>>> net = BertForPreTraining(bertcfg)
>>> net.load_tf_weights(bertcfg, 'model.ckpt-3900000')
>>> import torch
>>> torch.save(net.bert.state_dict(),'laboro.bin')
```

また、本書では基本的に以下で公開されている東北大版の BERT を利用して、
各種の解説を行います。

```
https://www.nlp.ecei.tohoku.ac.jp/~m-suzuki/bert-japanese/
BERT-base_mecab-ipadic-bpe-32k.tar.xz
```

ダウンロードして展開すると、以下の7つのファイルが得られます。

```
config.json
model.ckpt.data-00000-of-00001
model.ckpt.index
model.ckpt.meta
pytorch_model.bin
```

※ 4   https://huggingface.co/

```
tf_model.h5

vocab.txt
```

model.*というファイル群がTensorFlowのモデルです。また、pytorch_model.binというファイルがPyTorchのモデルです。PyTorchのモデルを使う場合、必要なファイルはpytorch_model.binの他にconfig.jsonとvocab.txtの2つです。これ以外のファイルは必要ありません。

また、BERTを利用するには、先ほど紹介したHuggingFaceのライブラリtransformersを利用するのが標準です。BERTに限らずBERTから派生したTranformersのモデルの多くをサポートしています。

5.4 ｜ BERTの入出力

BERTの入力は、単語idのリストです。ただしPyTorchですから、そのリストはlong型のtensorに変換しなければなりません。さらに入力はバッチですから、それが集合の形となり配列の次元が1つ増えます。

単語idはvocab.txtにおけるその単語が登録されている行の位置です。たとえば、以下の単語列を考えます。

[CLS] / 私 / は / 犬 / が / 好き / 。 / [SEP]

[CLS]と[SEP]はBERTで使われる特殊tokenであり、文頭と文末に対応しま

す。上記の単語列に対して、以下のプログラムにより対応する単語 id 列がわかります。

```
>>> dic = {}
>>> with open("vocab.txt","r",encoding="utf-8") as f:
        vocab = f.read()
        for id, word in enumerate(vocab.split('\n')):
            dic[word] = id

>>> text = "[CLS] 私 は 犬 が 好き 。 [SEP]"
>>> x = [ dic[w] for w in text.split() ]
>>> x
[2, 1325, 9, 2928, 14, 3596, 8, 3]
```

これを long 型の tensor に変換してバッチの形にするコードは以下のとおりです。

```
>>> import torch
>>> x = torch.LongTensor(x).unsqueeze(0)
>>> x
tensor([[   2, 1325,    9, 2928,   14, 3596,    8,    3]])
```

上記の x が BERT の入力になります。これを BERT に入力して出力を得てみます。

```
>>> from transformers import BertModel
```

```
>>> model = BertModel.from_pretrained('cl-tohoku/bert-base-japanese')
Downloading: 100%`#########`433/433 [00:00<00:00, 108kB/s]
Downloading: 100%`#########`445M/445M [00:47<00:00, 9.38MB/s]
>>> a = model(x)
```

'cl-tohoku/bert-base-japanese' は HuggingFace に登録されている学習済みの日本語 BERT モデルです。実はこれが前節でダウンロードした東北大版の BERT です。そのため、先ほどダウンロードしてきた pytorch_model.bin を指定してモデルを読み込むこともできますが、モデルが HuggingFace に登録されているなら、その名前でモデルを読み込むほうが簡単です。モデルを指定して読み込む方法は後ほど説明します。

HuggingFace に登録されているモデルを最初に呼び出すときには上記のようにダウンロードが行われます。2回目以降はダウンロードされたモデルが利用されます。

上記の a が BERT の出力ですが、これは要素が2つのタプルです。a[1] の情報は a[0] に含まれるので a[0] が重要です。以下が a[0] の形状です。

[バッチのサイズ , 単語列の長さ , 単語の次元数]

この例の場合、1 データだけなのでバッチのサイズは 1、単語列の長さは 8、単語の次元数は 768 なので、以下のような結果になります。

```
>>> a[0].shape
torch.Size([1, 8, 768])
```

　ここからたとえば単語列中の単語「犬」に対する埋め込み表現を得てみます。「犬」は3番目の単語なので、以下のコードを実行します。

```
>>> a[0][0][3]
tensor([-1.2636e-01, -1.2734e-01, ...,
    ......
    ..., -2.9694e-01, -3.1038e-01]
    , grad_fn=<SelectBackward>)
```

5.5 │ BERT の各層の情報の取り出し

　BERTは、前述したように、Self-Attention（正確にはMulti-head Attention）を12層重ねたモデルです。先ほどのBERTの使い方では最終層の出力だけしか得られません。中間的な層の出力を得る場合は、以下のようにモデルの設定でoutput_hidden_states をTrueにします。

```
>>> from transformers import BertModel, BertConfig
>>> config = BertConfig.from_pretrained(
            'cl-tohoku/bert-base-japanese')
>>> config.output_hidden_states = True
>>> model = BertModel.from_pretrained(
            'cl-tohoku/bert-base-japanese',config=config)
>>> x = [2, 1325, 9, 2928, 14, 3596, 8, 3]   # 私は犬が好き。
```

```
>>> import torch
>>> x = torch.LongTensor(x).unsqueeze(0)
>>> a = model(x)
```

　この場合、モデルの出力 a は要素数が 3 のタプルになっています。1 番目の要素と 2 番目の要素は通常の出力のもので、3 番目の要素 a[2] が加わっています。a[2] は要素数が 13 のタプルになっています。そして a[2][k] が BERT の第 k 層の出力になっています。BERT は 12 層なので 1 つ要素が多いように見えますが、a[2][0] は入力の単語 id 列に対する分散表現の列です。a[2][1] から a[2][12] が BERT の第 1 層から第 12 層の出力になっています。そのため、以下の関係が成り立っています（図 5-5）。

```
a[0][0] == a[2][-1] == a[2][12]
```

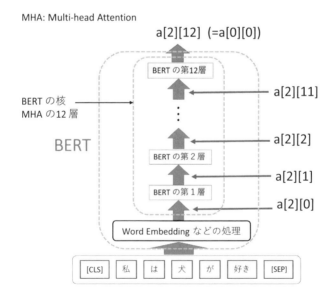

◆図5-5：BERTの各層からの出力の取り出し

a[0][0] == a[2][-1]となっていることを確認してみます。

```
>>> len(a)
3
>>> len(a[2])
13
>>> a[2][12].shape
torch.Size([1, 8, 768])
>>> a[2][-1].shape
torch.Size([1, 8, 768])
>>> torch.sum(a[0][0] == a[2][-1])
tensor(6144)   # 1*8*768 = 6144  すべての要素が等しい
```

a[0][0]とa[2][-1]はどちらも形状が[1,8,768]であり、しかも6,144(= 1 × 8 × 768) 個の要素が等しいので、a[0][0] == a[2][-1]となっていることが確認できます。

5.6 | Tokenizer

先ほどの例では入力文を自前で単語分割して、語彙リストvocab.txtから単語 id 列を作りました。ただこの形では語彙リストに基づいて単語分割している保証はありませんし、未知語への対応もできていません。この辺りの細かい処理も含めて入力文から単語 id 列を作るには、Tokenizer を利用します。英語で

あれば BertTokenizer を使えばよいのですが、日本語では単語分割の処理を
行えるものが必要です。また、日本語の BERT モデルの場合、その構築時に用
いた単語分割方法に合わせる必要があります。先ほど利用した 'cl-tohoku/
bert-base-japanese' では単語分割には形態素解析システムの MeCab を利用
して構築されています。そのため、MeCab を利用してあらかじめ単語分割して
おいて BertTokenizer を使うということでもよいのですが、その部分を一体化
した BertJapaneseTokenizer というクラスが transformers では準備されている
ので、それを使うのが簡単です。

　BertJapaneseTokenizer を使うにはまず MeCab をインストールして、次に
それを Python から使えるようにしておく必要があります。本書ではこのインス
トール手順は示しませんが、特に難しくはありません。

　MeCab が使えるようになれば、BertJapaneseTokenizer が利用できます。
以下のようにして使います。

```
>>> from transformers import BertJapaneseTokenizer
>>> tknz = BertJapaneseTokenizer.from_pretrained(
            'cl-tohoku/bert-base-japanese')
>>> tknz.tokenize("私は犬が好き。")
['私', 'は', '犬', 'が', '好き', '。']
>>> tknz.encode("私は犬が好き 。")
[2, 1325, 9, 2928, 14, 3596, 8, 3]
```

　最後の例でわかるように、encode では特殊 token の [CLS] (この例で id は 2)
と [SEP] (この例で id は 3) が自動で付与されます。付けたくなければオプショ
ン add_special_tokens=False を指定します。

```
>>> tknz.encode("私は犬が好き 。", add_special_tokens=False)
[1325, 9, 2928, 14, 3596, 8]
```

　MeCabで単語分割が行われて、MeCabが単語として認識しても、その単語が語彙リストvocab.txtに登録されていない場合はsubwordであるWordPieceが起動され、その単語が適当に分割されます。そのように分割された単語には"##"が単語の前に付与されます。また、未知語の場合もWordPieceが起動され、同様に分割されます。たとえば「浩幸」という（私の）名前はMeCabでは一単語と認識されますが、「浩幸」はvocab.txtに登録されていないので、以下のように分割されます。

```
>>> import MeCab
>>> m = MeCab.Tagger("-Owakati")
>>> m.parse("私の名前は浩幸です。")
'私 の 名前 は 浩幸 です 。 \n'
>>> tknz.tokenize("私の名前は浩幸です。")
['私', 'の', '名前', 'は', '浩', '##幸', 'です', '。']
>>> tknz.encode("私の名前は浩幸です。")
[2, 1325, 5, 1381, 9, 5762, 29634, 2992, 8, 3]
```

　"浩幸"が"浩"と"幸"に分割され、"幸"には"##"が付与され"##幸"となります。"浩"には"##"が付かず、"幸"には付くのは、半角空白＋"浩"が辞書に存在するので、"浩"には"##"が付かないと考えておけばよいです。この辺りは、あまり気にする必要はありません。

5.7 │ BertForMaskedLM の利用

　BERTモデルはMasked Language Modelによっても学習が行われているので、BERTのモデル自体にMASKされた単語を推定する機構が含まれています。

　MASKされた単語を推定するには、モデルからその機構の部分を取り出さなければなりません。これを行うのが BertForMaskedLM です。例文「私は犬が好き。」の「犬」の部分をMASKした以下の単語列に対して、MASKの単語を推定してみます。

　例文: 私 は [MASK] が 好き 。

　まずこの単語列をid列に変換します[5]。

```
>>> ids = tknz.encode("私 は [MASK] が 好き 。")
>>> ids
[2, 1325, 9, 4, 14, 3596, 8, 3]
```

　また、以下により [MASK] の位置を確認しておきます。

```
>>> mskpos = ids.index(tknz.mask_token_id)
>>> mskpos
3
```

　BERTモデルからのMasked Language Modelの取り出しは以下のように行います。

※5　変換した結果から、[MASK] の id は 4 であることがわかります。

```
>>> from transformers import BertForMaskedLM
>>> model = BertForMaskedLM.from_pretrained(
                 'cl-tohoku/bert-base-japanese')
```

実は上記の形でモデルを読み込むと以下のワーニングが出力されます。

```
Some weights of the model checkpoint at ...
- This IS expected if you are initializing ...
- This IS NOT expected if you are ...
```

これは気にしなくても問題ありません。もしも気になるようなら、読み込んだモデルを保存しておいて、以後はそれを読み込めばよいです。

```
>>> model.save_pretrained('mybert.bin')
>>> model = BertForMaskedLM.from_pretrained('mybert.bin')
```

次にモデルに単語のid列を与えると、各単語の位置に現れる単語の分布が得られます。

```
>>> x = torch.LongTensor(ids).unsqueeze(0)
>>> a = model(x)
```

上記に示したモデルからの出力aは要素が1つのタプルです。a[0]の形状は以下のとおりです。

［ バッチサイズ , 単語列の長さ , 登録単語の数 ］

この例の場合、1データだけなのでバッチサイズは1、単語列の長さは8です。そして登録単語の数はそのモデルの持つ登録単語数です。この登録単語数はtknz.vocab_sizeから参照できます。このモデルの場合は32000になっています。

```
>>> a[0].shape
torch.Size([1, 8, 32000])
>>> tknz.vocab_size
32000
```

この例の場合、MASKの位置はmskposだったので、たとえば$k = 100$番目の登録単語がMASKの位置に現れる程度（確率）は以下のコードで得られます。

```
>>> k = 100
>>> a[0][0][mskpos][k]
tensor(-5.5299, grad_fn=<SelectBackward>)
```

変数kを0から31999まで動かして最も大きな値を持つ$\hat{k}$を求めれば、$\hat{k}$番目の登録単語がMASKの位置に最も高い確率で現れる単語と推定できます。

このようにベタに調べるよりも、torchにはtopkという便利なメソッドがあります。これはベクトルの要素の中からその値の高いものを上から順にk個取り出すものです。以下のように使います。

```
>>> b = torch.topk(a[0][0][mskpos],k=5)
>>> b[0]   # 上位5つの値
tensor([8.5864, 8.0724, 7.6974, 7.6480, 7.5863],...)
```

```
>>> b[1]   # 上位5つのindex
tensor([1301, 1201,  705, 6968,  450])
```

　上記の例では上位5番目までの要素を取り出しています。topkの出力bは要素が2つのタプルです。b[0]に上位5番目までの値が入り、b[1]にそのindex、つまり登録単語のindexが入ります。登録単語のindexからその単語の表記を得るにはconvert_ids_to_tokensを使います。

```
>>> ans = tknz.convert_ids_to_tokens(b[1])
>>> ans
['サッカー', '野球', '音楽', 'あなた', '映画']
```

　この結果から、MASKに入ると予想される単語は、順に'サッカー'、'野球'、'音楽'、'あなた'、'映画'となります。

5.8 ローカルにあるモデルからの読み込み

　前節までは既存のBERTモデルを読み込むのに'cl-tohoku/bert-base-japanese'というHuggingFaceに登録されているモデル名を利用しました。ただし、これだとHuggingFaceに登録されていないモデルを利用したい場合に、transformersのライブラリを使えません。ここではモデル名を利用せずに、ローカルにあるBERTモデルをtransformersに読む込む方法を示しておきます。

131

　以前に示したように、`'cl-tohoku/bert-base-japanese'`の実体は以下で公開されている日本語 BERT です。

```
https://www.nlp.ecei.tohoku.ac.jp/~m-suzuki/bert-japanese/
BERT-base_mecab-ipadic-bpe-32k.tar.xz
```

　上記のファイルをダウンロードして解凍し、そこから得られる `config.json`、`vocab.txt` および `pytorch_model.bin` の3つが必要なファイルです。まず BERT モデルの読み込みは以下のように行います。

```
>>> config = BertConfig.from_json_file('config.json')
>>> model = BertModel.from_pretrained('pytorch_model.bin',
                                        config=config)
```

　また、BERT モデルから Masked Language Model を取り出すのは以下のように行います。

```
>>> config = BertConfig.from_json_file('config.json')
>>> model = BertForMaskedLM.from_pretrained('pytorch_model.bin',
                                              config=config)
```

　`BertJapaneseTokenizer` から Tokenizer を生成するのは少し面倒です。以下のように行います。

```
>>> from transformers import BertJapaneseTokenizer
>>> tknz = BertJapaneseTokenizer(vocab_file='vocab.txt',
            do_lower_case=False,do_basic_tokenize=False)
```

```
>>> from transformers.models.bert_japanese
        import tokenization_bert_japanese
>>> tknz.word_tokenizer = tokenization_bert_japanese.MecabTokenizer()
```

　単語分割に MeCab を利用しない場合、`BertJapaneseTokenizer` を利用する
のは面倒です。基本的には `BertJapaneseTokenizer` は東北大版の BERT だけ
で利用するものと考えたほうがよいでしょう。他の BERT を利用する場合は、そ
こで指定されている Tokenizer を使うほうがよいです。

　たとえば Laboro 版の BERT は Tokenizer に SentencePiece を使っており、そ
こで使う SentencePiece のモデルも一緒に配布されています。5.3 節で示した
`webcorpus.model` がそれに当たります。以下は Laboro 版の BERT の使い方の例
です。5.3 節で作った BERT のモデル `laboro.bin` を使います。

　まず文「私は犬が大好き」に対する id 列を求めます。Laboro 版の BERT では
特殊 token の [CLS] と [SEP] の id は 4 と 5 です（これは語彙リスト `webcorpus.`
`vocab` から確認できます）。これらの特殊 token の id は自分で直接追加したほう
が簡単です。

```
>>> import sentencepiece as spm
>>> sp = spm.SentencePieceProcessor()
>>> sp.Load('webcorpus.model')
True
>>> x = sp.EncodeAsIds("私は犬が大好き")
>>> x
[1002, 831, 6892]           # /私は/犬/が大好き
>>> x = [4] + x + [5]       # [CLS]と[SEP]の挿入
```

```
>>> x
[4, 1002, 831, 6892, 5]
```

モデルを読み込んで先の文に対する出力を得てみます。

```
>>> import torch
>>> x = torch.LongTensor(x).unsqueeze(0)
>>> from transformers import BertModel, BertConfig
>>> config = BertConfig.from_json_file('bert_config.json')
>>> model = BertModel.from_pretrained('laboro.bin', config=config)
>>> a = model(x)
>>> a[0].shape
torch.Size([1, 5, 768])
```

5.9 | BERTを利用した文書分類の実装

本章ではBERTを用いた文書分類を行ってみます。

5.9.1　訓練データとテストデータの作成

ここで利用するデータは「livedoorニュースコーパス」です。以下のURLから
ダウンロードできます。

https://www.rondhuit.com/download.html#ldcc

　このデータセットは9つのカテゴリのニュース記事を集めたものです。全部で
7,367記事あります。ここからランダムに736記事を取り出し、それを訓練デー
タtrain.txtとしました。また、同様にランダムに736記事を取り出し、それ
をテストデータtest.txtとしました。ラベルは各カテゴリを示す0から8の数
値となります。

　train.txtやtest.txtの中身は図5-6のようなものです。図5-6はテキスト
エディタで開いています。1行に1文書の形になっています。行の先頭にラベル
が書かれており、その後のタブに続いて、記事が1行で書かれています。

先頭文字が
ラベル。
次がタブ。
次が記事

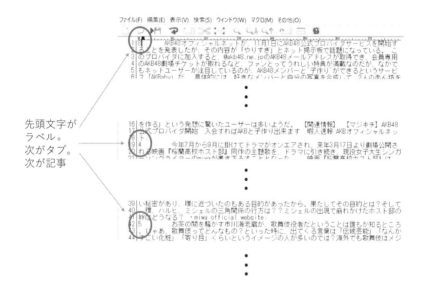

◆図5-6：訓練データとテストデータの形式

　train.txtやtest.txtは公開できませんが、自身で簡単に作成できると思
いますし、ここでの目的は学習のプログラムを作成することなので、問題はな
いと思います。

　train.txtやtest.txtはあらかじめ単語分割を行い、BERTの入力となる単語id列に変換しておくとよいと思います。以下のプログラムによりtrain.txtは単語id列のリストの集合であるxtrain.pklとそのラベル（整数値のリスト）であるytrain.pklに変換しておきます。同様にtest.txtはxtest.pklとytest.pklに変換しておきます。

　また、注意点として、ここで扱うBERTでは512単語を超える長さの入力列は扱えないので、512を超える部分は削除しています。

リスト5-1：mkdata.py

```
from transformers import BertJapaneseTokenizer
import pickle
import re

tknz = BertJapaneseTokenizer.from_pretrained(
                'cl-tohoku/bert-base-japanese')

xdata, ydata = [],[]
with open('train.txt','r',encoding='utf-8') as f:
    for line in f:
        line = line.rstrip()
        result = re.match('^(\d+)\t(.+?)$', line)
        ydata.append(int(result.group(1)))
        sen = result.group(2)
        tid = tknz.encode(sen)
        if (len(tid) > 512):   # 最大長は512
            tid = tid[:512]
```

```
        xdata.append(tid)

with open('xtrain.pkl','bw') as fw:

    pickle.dump(xdata,fw)

with open('ytrain.pkl','bw') as fw:

    pickle.dump(ydata,fw)
```

5.9.2 文書分類モデルの設定

BERTを利用した文書分類のネットワークは図5-7のようになります。単に先頭tokenの[CLS]に対するBERTの出力に対して、識別の層である線形変換 W を適用するだけです。

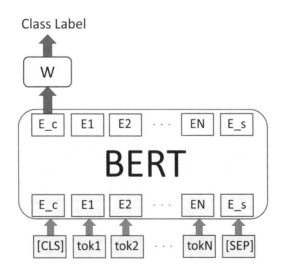

◆図5-7：BERTを利用した文書分類のネットワーク図

　モデルの実装方法が問題です。特に`forward`の部分をどう書くかは、BERTの出力形式を理解していないと書けません。モデルの設定部分だけを抜き出すと以下のようになります。図5-7の線形変換Wを`cls`としています。東北大版BERTを`bert`という変数に読み込んで、`bert`を自前のモデルに使っている部分もポイントです。

リスト5-2：doccls.py

```python
from transformers import BertModel
......
bert = BertModel.from_pretrained('cl-tohoku/bert-base-japanese')
......
class DocCls(nn.Module):
    def __init__(self,bert):
        super(DocCls, self).__init__()
        self.bert = bert   # ここの書き方に注意
        self.cls=nn.Linear(768,9)
    def forward(self,x):
        bout = self.bert(x)
        bs = len(bout[0])   # バッチのサイズbsを取り出す
        h0 = [ bout[0][i][0] for i in range(bs) ]
        h0 = torch.stack(h0,dim=0)
        return self.cls(h0)
```

　上記の`forward`内で`h0`を作る部分は、もっとテクニカルに書けると思います。けれども、そうしてもたいして効率化にはならないと思うので、わかりやすいように上記の形にしました。`bout[0][i][0]`がバッチ内の`i`番目の文に対する[CLS]の埋め込み表現です。これをリストで集めて、`stack`で連結しています。

5.9.3 最適化関数の設定

BERTを利用したモデルを学習する場合、BERTのパラメータは固定して、BERTに付加したネットワーク部分（先の例では識別の層のW）のパラメータだけを学習するやり方（feature based）と、付加したネットワークだけではなくBERTのパラメータも合わせたネットワーク全体のパラメータを学習するやり方（fine-tuning）があります。

一般にBERTはfine-tuningによって、その能力が発揮されるので、通常、fine-tuningで学習を行います。

先ほどのモデルの学習では損失関数はクロスエントロピーを使うだけなので、損失の計算とbackwardからのパラメータの更新は簡単です。問題は最適化関数に設定するパラメータの部分ですが、fine-tuningの場合は以下の通常の形で行えます。

リスト5-3:doccls.py

```
net = DocCls(bert)
......
optimizer = optim.SGD(net.parameters(),lr=0.001)
```

学習率lrの値には気をつけてください。このデータではこれくらい（lr=0.001）でうまく学習が進みましたが、たとえばlr=0.01ではまったく学習できませんでした。

5.9.4　モデルの学習

　学習部分は以下のようになります。バッチは用いていません。バッチ処理については後述します。

リスト5-4:doccls.py

```
net.train()
for ep in range(30):
    lossK = 0.0
    for i in range(len(xtrain)):
        x = torch.LongTensor(xtrain[i]).unsqueeze(0).to(device)
        y = torch.LongTensor([ ytrain[i] ]).to(device)
        out = net(x)
        loss = criterion(out,y)
        lossK += loss.item()
        if (i % 50 == 0):
            print(ep, i, lossK)
            lossK = 0.0
        optimizer.zero_grad()
        loss.backward()
        optimizer.step()
    outfile = "doccls-" + str(ep) + ".model"
    torch.save(net.state_dict(),outfile)
```

　30エポックまで学習させ、各エポック後にその時点のモデルを保存しています。50データごとの損失値の合計を表示して、学習がとりあえず正しく進んでいそうなことを確認しています。

全体のプログラムはdoccls.pyです。これは以下のように実行します。

```
$ python doccls.py
0 0 2.416121244430542
0 50 111.43688809871674
0 100 101.40377998352051
0 150 82.0310133099556
......
```

プログラムが終了するとdoccls-0.modelからdoccls-29.modelまでが作成
されています。

5.9.5　モデルによる推論

先ほど構築したモデルdoccls-0.modelからdoccls-29.modelまでを、テス
トデータxtest.pklを利用して評価してみます。

学習のときはBertModel.from_pretrainedにより東北大版のBERTを読み
込みましたが、評価に使うモデルではBERT部分も含まれているので、以下のよ
うにひな形だけ作ればよいです。

リスト5-5：doccls-test.py

```
config = BertConfig.from_pretrained('cl-tohoku/bert-base-japanese')
bert = BertModel(config=config)
```

　後は学習の部分を以下のように識別の処理に変えるだけです。学習プログラムとほとんど同じです。

リスト5-6：doccls-test.py

```
real_data_num, ok = 0, 0

net.eval()

with torch.no_grad():

    for i in range(len(xtest)):

        x = torch.LongTensor(xtest[i]).unsqueeze(0).to(device)

        ans = net(x)

        ans1 = torch.argmax(ans,dim=1).item()

        if (ans1 == ytest[i]):

            ok += 1

        real_data_num += 1

 print(ok, real_data_num, ok/real_data_num)
```

　構築したモデル doccls-0.model から doccls-29.model までを doccls-test.py により評価します。その結果は各エポック後の正解率に対応します。この場合、図5-8のようになりました。横軸がエポック数、縦軸が正解率になっています。

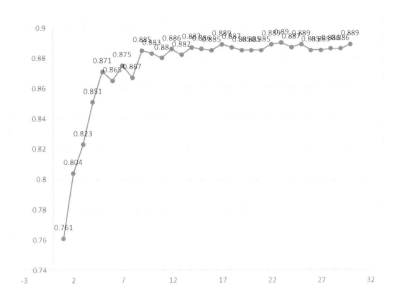

◆図5-8：BERTを用いた文書分類の正解率

　学習が進むにつれて徐々に正解率が向上し、0.88辺りの正解率を達成しています。

5.9.6　BERTのバッチ処理

　ここではバッチ処理を行うようにdoccls.pyを改良します。基本的にLSTMで行ったようにDataLoaderを設定して、Paddingの処理を行うことでバッチ処理が行えます。

　ただPaddingを行ったデータをBERTに渡す場合には、どの部分がPaddingなのかを示したマスク行列をattention_maskというオプションで渡さなければなりません。

　図5-9を見れば、マスク行列が何かはすぐわかると思います。図5-9の上の
行列がバッチのデータXです。0でPaddingされています。そして下の行列がデー
タXに対応するマスク行列です。xの0の部分は0で、それ以外は1となってい
ます。

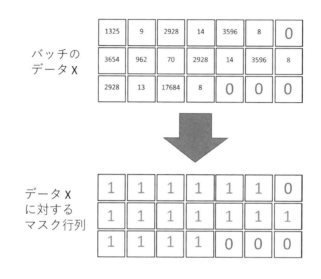

◆図5-9：バッチデータに対するマスク行列

　マスク行列を利用するので、モデルの定義の部分を以下のように変更します。

リスト5-7：doccls2.py

```
class DocCls(nn.Module):

    def __init__(self,bert):

        super(DocCls, self).__init__()

        self.bert = bert

        self.cls=nn.Linear(768,9)

    def forward(self,x1,x2):    # 変更
```

```
bout = self.bert(input_ids=x1, attention_mask=x2)

bs = len(bout[0])

h0 = [ bout[0][i][0] for i in range(bs) ]

h0 = torch.stack(h0,dim=0)

return self.cls(h0)
```

5

　学習の部分は以下のようになります。また、バッチサイズは docc1s2.py では
4にしています。BERTのモデルが大きいので、大きなサイズは指定できません。

リスト5-8：doccls2.py

```
net.train()

for ep in range(30):

    i, lossK = 0, 0.0

    for xs, ys in dataloader:

        xs1, xmsk = [], []

        for k in range(len(xs)):

            tid = xs[k]

            xs1.append(torch.LongTensor(tid))

            xmsk.append(torch.LongTensor([1] * len(tid)))

        xs1 = pad_sequence(xs1, batch_first=True).to(device)

        xmsk = pad_sequence(xmsk, batch_first=True).to(device)

        outputs = net(xs1,xmsk)

        ys = torch.LongTensor(ys).to(device)

        loss = criterion(outputs, ys)

        lossK += loss.item()

        if (i % 10 == 0):
```

```
        print(ep, i, lossK)
        lossK = 0.0
    optimizer.zero_grad()
    loss.backward()
    optimizer.step()
        i += 1
    outfile = "doccls2-" + str(ep) + ".model"
    torch.save(net.state_dict(),outfile)
```

全体のプログラムは以下のように実行します。

```
$ python doccls2.py
0 0 2.1360881328582764
0 10 21.92758071422577
0 20 20.043777585029602
0 30 21.105160236358643
......
```

　上記のプログラムが終了すると、doccls2-0.modelからdoccls2-29.modelまでのモデルのファイルが作成できています。モデルの評価にはdoccls-test.pyがそのまま利用できます。モデルを評価して、各エポック後の正解率を測ると図5-10のようになりました。

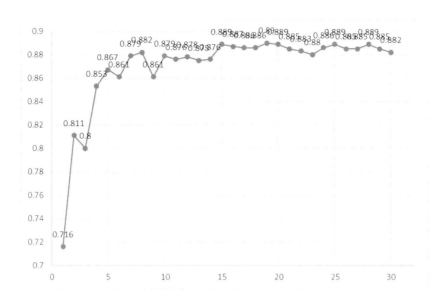

◆図5-10：BERTを用いた文書分類の正解率（バッチ処理）

バッチ処理をしていない図5-8と大差ない結果です。

5.9.7　パラメータ凍結によるfeature basedの実装

BERTをfeature basedで利用する場合、BERTの出力をいったんファイルに吐き出して、そのファイルを入力とした一般のニューラルネットのモデルを作ればよいので簡単です。

ここではそのような形ではなく、先ほど作成したfine-tuningのプログラムdoccls2.pyにおけるモデルのbertの部分だけを凍結することでfeature basedのプログラムを実装してみます。このようにネットワークの一部を凍結することを簡単に実現できるのがPyTorchの1つの長所です。

　ネットワークの一部を凍結するには、まずネットワーク全体を凍結し、学習対象のパラメータの部分だけを学習対象に復帰させれば（つまりアクティブにすれば）よいです。それらはパラメータに対する requires_grad の値を設定することで行えます。

リスト5-9：doccls3.py

```python
# ネットワーク全体のパラメータを凍結

for name, param in net.named_parameters():

    param.requires_grad = False


# clsの部分のパラメータをアクティブに

for name, param in net.cls.named_parameters():

    param.requires_grad = True
```

　また、最適化関数の設定の部分で、更新するパラメータとして学習対象のパラメータだけを指定します。以下のようになります。

リスト5-10：doccls3.py

```python
optimizer = optim.SGD([{'params':net.cls.parameters(), 'lr':0.001}])
```

　モデルの保存はネットワーク全体を保存すると固定されているBERT部分も保存してしまい無駄です。以下のようにclsの部分だけを保存するようにします。

リスト5-11：doccls3.py

```python
torch.save(net.cls.state_dict(),outfile)
```

全体のプログラムdoccls3.pyは以下のように実行します。

```
$ python doccls3.py
0 0 2.1098990440368652
0 10 22.461406230926514
0 20 22.466742515563965
0 30 21.908583641052246
......
```

　上記のプログラムが終了すると、doccls3-0.modelからdoccls3-29.model
までのモデルのファイルが作成できています。

　これらのモデルを評価するにはdoccls-test.pyのモデルの読み込みの部分
を修正しなければなりません。bertは既存のモデルから読み込み、clsは学
習できたモデルから読み込みます。

リスト5-12:doccls3-test.py

```
bert = BertModel.from_pretrained('cl-tohoku/bert-base-japanese')
net = DocCls(bert).to(device)
net.cls.load_state_dict(torch.load(argvs[1]))
```

　このプログラムを利用して、各エポック後の正解率を測ると図5-11のように
なりました。

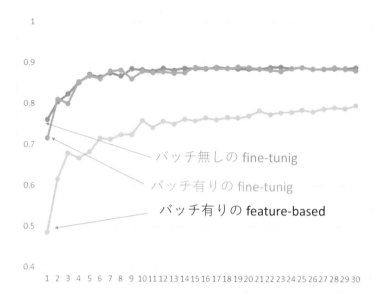

◆図5-11：BERTのfeature basedによる文書分類の正解率

feature basedの正解率は0.80弱であり、fine-tuningによる結果と比較すると性能は低くなっています。

5.9.8　BertForSequenceClassificationの利用

transformersでは、図5-7で示したネットワークのモデルの設定がBertForSequenceClassificationとして提供されています。文書分類ではこれを利用すれば、プログラム内でモデルの定義を書かずに実装することができます。

利用するにはまずimportしなければなりません。

リスト5-13:doccls4.py

```
from transformers import BertForSequenceClassification
```

　モデルは以下のように設定します。オプションの num_labels でラベル数を設定します。

リスト5-14:doccls4.py

```
net = BertForSequenceClassification.from_pretrained(
        'cl-tohoku/bert-base-japanese', num_labels = 9).to(device)
```

　学習部分は以下のようになります。

リスト5-15:doccls4.py

```
net.train()
for ep in range(30):
    i, lossK = 0, 0.0
    for xs, ys in dataloader:
        xs1, xmsk = [], []
        for k in range(len(xs)):
            tid = xs[k]
            xs1.append(torch.LongTensor(t1d))
            xmsk.append(torch.LongTensor([1] * len(tid)))
        xs1 = pad_sequence(xs1, batch_first=True).to(device)
        xmsk = pad_sequence(xmsk, batch_first=True).to(device)
        ys = torch.LongTensor(ys).to(device)
```

```
        out = net(xs1,attention_mask=xmsk,labels=ys)  # 注意

        loss = out.loss   # 注意

        lossK += loss.item()

        if (i % 10 == 0):

            print(ep, i, lossK)

            lossK = 0.0

        optimizer.zero_grad()

        loss.backward()

        optimizer.step()

        i += 1

    outfile = "doccls4-" + str(ep) + ".model"

    torch.save(net.state_dict(),outfile)
```

　out = net(xs1,attention_mask=xmsk,labels=ys) がポイントです。訓練
時では正解ラベルも渡して、損失も計算させます。out.loss がその損失にな
ります。このため、プログラムでは通常存在する損失関数 criterion を設定す
る必要がありません。

　全体のプログラムは doccls4.py です。これは以下のように実行します。

```
$ python doccls4.py
0 0 2.07834887504557764
0 10 22.612528681755066
0 20 21.621758699417114
0 30 22.612626791000366
......
```

　上記のプログラムが終了すると、doccls4-0.modelからdoccls4-29.model
までのモデルのファイルが作成できています。

　これらのモデルを評価するには、doccls-test.pyのモデルの設定部分を以
下のように直します。

リスト5-16:doccls4-test.py

```
config = BertConfig.from_json_file('config.json')
config.num_labels = 9
net = BertForSequenceClassification(config=config).to(device)
net.load_state_dict(torch.load(argvs[1]))
```

　また、学習ではモデルに正解ラベルを与えていましたが、推論のときには、
当然、与えられません。データだけを与えると、モデルからの戻り値outの属
性logitsによって、通常のsoftmaxに相当するベクトルが得られます。

リスト5-17:doccls4-test.py

```
out = net(x)
ans = out.logits
ans1 = torch.argmax(ans,dim=1).item()
```

　このプログラムを利用して、各エポック後の正解率を測ると図5-12のように
なりました。

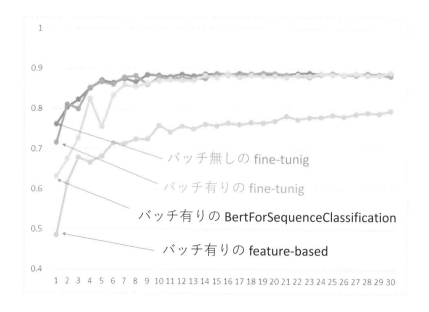

◆図5-12：BertForSequenceClassificationによる文書分類の正解率

　精度的にはほとんど自前で作ったモデルのfine-tuningの結果と同じでした。ただ`BertForSequenceClassification`はBERTの出力を識別の層に渡す際にDropoutを挿入しています。その影響が出ることもあるかもしれません。

5.9.9　識別の層とBERTの上位層のみの学習

　本章では、feature basedを実装するのにBERTのパラメータを凍結して、識別の層のパラメータだけを学習の対象にしました。そのやり方を利用してBERTの上位層のパラメータ、具体的にここでは12層目と11層目のパラメータも学習の対象にした文書分類を行ってみます。これはfeature basedの手法とfine-tuningの手法との中間的な手法です。文書分類のようにあまり深い意味理解を必要としないタスクでは、このような手法でも十分効果があると言われています。

実装は feature based のときに使ったテクニックを使えば簡単です。まずネットワーク全体のパラメータを凍結して、次に学習の対象となるパラメータを凍結から復帰させる、つまりアクティブにすればよいです。

ただこれを行うには BERT のモデルでの各層の名前を知る必要があります。これは BERT のモデルを表示することで確認できます。

```
>>> net = BertModel.from_pretrained('cl-tohoku/bert-base-japanese')
>>> net
BertModel(
  (embeddings): BertEmbeddings(
  ......
  (pooler): BertPooler(
    (dense): Linear(in_features=768, out_features=768, bias=True)
    (activation): Tanh()
  )
)
```

BERT モデルは巨大なのでここで全体を書くのはやめておきます。大枠だけ書くと以下のようになっています。

```
BertModel(
  (embeddings): BertEmbeddings(...)
  (encoder): BertEncoder(
    (layer): ModuleList(
      (0): BertLayer(...)
      (1): BertLayer(...)
```

```
     ......
       (11): BertLayer(...)
   )
   (pooler): BertPooler(...)
)
```

つまりBERTの第12層目と第11層目の層の名前は`encoder.layer[11]`および`encoder.layer[10]`であることがわかります。結局、パラメータの凍結とアクティブの設定は以下のようになります。

リスト5-18：doccls5.py

```python
# ネットワーク全体のパラメータを凍結

for name, param in net.named_parameters():

    param.requires_grad = False


# clsの部分のパラメータをアクティブに

for name, param in net.cls.named_parameters():

    param.requires_grad = True


# BERTの最上位層(12層目)とその下の層(11層目)をアクティブに

for name, param in net.bert.encoder.layer[11].named_parameters():

    param.requires_grad = True


for name, param in net.bert.encoder.layer[10].named_parameters():

    param.requires_grad = True
```

　次に最適化関数の部分で学習対象のパラメータ（BERTの11層目と12層目および識別の層）を指定します。これは以下のように実装できます。

リスト5-19：doccls5.py

```
optimizer = optim.SGD([
    {'params':net.bert.encoder.layer[10].parameters(), 'lr':0.001},
    {'params':net.bert.encoder.layer[11].parameters(), 'lr':0.001},
    {'params':net.cls.parameters(), 'lr':0.001}])
```

　上記の書き方を見ればわかりますが、PyTorchではパラメータごとに学習率などを個別に指定することができます。

　最後に学習ですが、バッチのサイズはパラメータの数が減っているので、fine-tuningと比べるとかなり大きくすることができます。ここでは20としました。モデルの保存ではfeature basedのときは学習対象のパラメータだけでしたが、ここでは面倒なので、少し無駄ですがモデル全体を保存する形にしています。また、今回はエポック数100まで学習してみます。

リスト5-20：doccls5.py

```
net.train()
for ep in range(100):
    i, lossK = 0, 0.0
    for xs, ys in dataloader:
        xs1, xmsk = [], []
        for k in range(len(xs)):
            tid = xs[k]
            xs1.append(torch.LongTensor(tid))
```

```
            xmsk.append(torch.LongTensor([1] * len(tid)))

        xs1 = pad_sequence(xs1, batch_first=True).to(device)

        xmsk = pad_sequence(xmsk, batch_first=True).to(device)

        outputs = net(xs1,xmsk)

        ys = torch.LongTensor(ys).to(device)

        loss = criterion(outputs, ys)

        lossK += loss.item()

        if (i % 10 == 0):

            print(ep, i, lossK)

            lossK = 0.0

        optimizer.zero_grad()

        loss.backward()

        optimizer.step()

        i += 1

    outfile = "doccls5-" + str(ep) + ".model"

    torch.save(net.state_dict(),outfile)
```

全体のプログラムは doccls5.py です。これは以下のように実行します。

```
$ python doccls5.py
0 0 2.252228260040283
0 10 23.116328477859497
0 20 22.302598237991333
0 30 21.895506858825684
......
```

　上記のプログラムが終了すると、`doccls5-0.model` から `doccls5-99.model` までのモデルのファイルが作成できています。これらを利用して、各エポック後の正解率を測ると図5-13のようになりました。

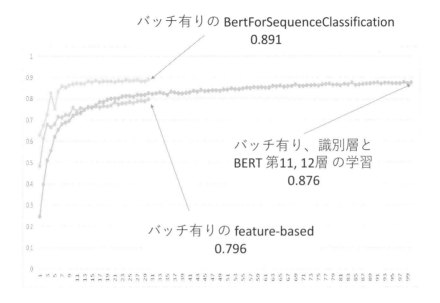

◆図5-13：識別層とBERT上位層のみを学習対象とした文書分類の正解率

　エポック数を100まで学習させると、fine-tuningの結果にかなり近い値まで正解率を向上させることができました。

5.10 | BERT を利用した品詞タガーの実装

　本節ではBERTを利用して品詞タガー（tagger）を実装してみます。BERTを文書分類で利用するときには、特殊tokenの`[CLS]`の埋め込み表現に対してだけ識別層のWを適用させて（文書の）ラベルを得ましたが、品詞タガーでは全単語の埋め込み表現に対して識別層のWを適用させてラベル（つまり品詞）を得ます（図5-14）。

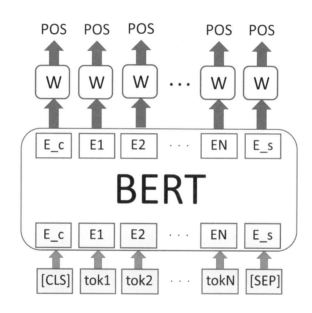

◆図5-14：BERTを利用した品詞タガーのネットワーク図

5.10.1　データの準備

　データはLSTMによる品詞タガーの実験で使ったデータと同じものを利用し

ます（3.3節を参照）。ただし、訓練データはLSTMのときの10分の1にあたる5,000文だけにしておきます。

また、ラベル（品詞）はLSTMのときと同じく以下の16種類となります。

リスト5-21：bert-tagger.py

```
labels = {'名詞': 0, '助詞': 1, '形容詞': 2,
          '助動詞': 3, '補助記号': 4, '動詞': 5, '代名詞': 6,
          '接尾辞': 7, '副詞': 8, '形状詞': 9, '記号': 10,
          '連体詞': 11, '接頭辞': 12, '接続詞': 13,
          '感動詞': 14, '空白': 15}
```

訓練データやテストデータでLSTMと同じものを利用するため、BERTのTokenizerは使わずに直接語彙リスト（vocab.txt）から単語idを求めます。登録されていない単語は[UNK]のidを付与することにしておきます。まず訓練データの各文を単語id列のリストで表現し、それを5,000文分、つまり5,000個のリストをリストにしたものをpickleの形式でxtrain.pklとして保存します。また、それに対応する正解ラベルの5,000個のリストをリストにしたものを同様にpickleの形式でytrain.pklとして保存しました。同様にしてテストデータに対するxtest.pklとytest.pklも作成しました。

xtrain.pklなどの作成プログラムは簡単なので省略しますが、各文を単語id列のリストで表現する際に、文頭に[CLS]のidと文末に[SEP]のidを入れておくことを忘れないでください。また、[CLS]や[SEP]の正解ラベルは-1にしておきます（図5-15）。

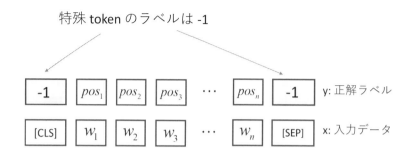

◆図5-15：訓練データの作成

　たとえば20番目の文とその品詞（ラベル）を確認すると以下のようになっています。

要する	動詞
に	助詞
それ	代名詞
と	助詞
同じ	連体詞
こと	名詞
な	助動詞
ん	助詞
です	助動詞
。	補助記号
EOS	

　作成した`xtrain.pkl`や`ytrain.pkl`において、その文に対する中身は以下のようになっています。

```
>>> import pickle
>>> with open('xtrain.pkl','br') as fr:
        xtrain = pickle.load(fr)
......
>>> len(xtrain)
5000
>>> xtrain[20]
[2, 7940, 7, 218, 13, 552, 45, 18, 1058, 2992, 8, 3]
>>> with open('ytrain.pkl','br') as fr:
        ytrain = pickle.load(fr)
......
>>> len(ytrain)
5000
>>> ytrain[20]
[-1, 5, 1, 6, 1, 11, 0, 3, 1, 3, 4, -1]
```

5.10.2　モデルの設定

モデル（PosTagger）は以下のように設定しました。

リスト5-22：bert-tagger.py

```
class PosTagger(nn.Module):
    def __init__(self,bert):
        super(PosTagger, self).__init__()
        self.bert = bert
```

```
        self.W = nn.Linear(768,16)
    def forward(self,x1,x2):
        bout = self.bert(input_ids=x1, attention_mask=x2)
        bs = len(bout[0])
        h0 = [ self.W(bout[0][i]) for i in range(bs)]
        return h0
```

　パラメータの部分はクラス数が16である以外は、文書分類のときと同じになります。forwardの部分はバッチの各データ（文に対応する単語id列）に対して識別層のWを適用させたものをリストに集めて返しています。このタスクでは特殊tokenの[CLS]、[SEP]、そして[PAD]に対してWを適用させる必要はないので、その部分は無駄ですが、それらを区別して分岐するよりも全体をまとめて処理したほうがわかりやすいと思います。

5.10.3　学習

　学習用のコードは以下のようになります。

リスト5-23：bert-tagger.py

```
net.train()
for ep in range(20):
    i, lossK = 0, 0.0
    for xs, ys in dataloader:
        xs1, xmsk, ys1 = [], [], []
        for k in range(len(xs)):
            tid = xs[k]
```

```
            xs1.append(torch.LongTensor(tid))

            xmsk.append(torch.LongTensor([1] * len(tid)))

            ys1.append(torch.LongTensor(ys[k]))
        xs1 = pad_sequence(xs1, batch_first=True).to(device)

        xmsk = pad_sequence(xmsk, batch_first=True).to(device)

        gans = pad_sequence(ys1, batch_first=True,
                            padding_value=-1.0).to(device)

        out = net(xs1,xmsk)

        loss = criterion(out[0],gans[0])

        for j in range(1,len(out)):

            loss += criterion(out[j],gans[j])

            lossK += loss.item()

        if (i % 10 == 0):

            print(ep, i, lossK)

            lossK = 0.0

        optimizer.zero_grad()

        loss.backward()

        optimizer.step()

        i += 1

    outfile = "bert-tagger-" + str(ep) + ".model"

    torch.save(net.state_dict(),outfile)
```

　モデルからの出力 out がバッチの各データ（文に対応する単語 id 列）に対して識別層を適用させたもののリストです。そこで、バッチの各データに対して損失関数から損失を累積し、累積した損失から勾配を求め、パラメータを更新しています。特殊 token に対する正解ラベルは -1 と設定しています。そのため、

損失関数ではその部分は無視されるので、その点は考慮しなくてかまいません。20エポックまで学習することにしています。また、10バッチごとに損失値を表示して、うまく動いていることを確認するようにしています。

全体のプログラムは bert-tagger.py です。これは以下のように実行します。

```
$ python bert-tagger.py
0 0 24.896306037902832
0 10 215.79788827896118
0 20 183.67781162261963
0 30 165.02408242225647
......
```

上記のプログラムが終了すると、bert-tagger-0.model から bert-tagger-19.model までのモデルのファイルが作成できています。

5.10.4　推論

推論のプログラム（bert-tagger-test.py）で気をつけることは、特殊token [CLS] と [SEP] に対して付けられた品詞については評価に加えないことです。そのため、1文に対する推論結果や正解ラベルのリストやベクトルが ans である場合、ans = ans[1:-1] の形でスライスしてから判定します。

判定部分のプログラムは以下のようになります。

リスト5-24：bert-tagger-test.py

```
real_data_num, ok = 0, 0

net.eval()

with torch.no_grad():

    for i in range(len(xtest)):

        x = torch.LongTensor(xtest[i]).unsqueeze(0).to(device)

        ans = net(x)

        ans1 = torch.argmax(ans[0],dim=1)

        ans2 = ans1[1:-1]   # 推論結果から特殊tokenを外す

        # Golden Answerからも特殊tokenの部分を外す

        gans = torch.LongTensor(ytest[i][1:-1]).to(device)

        ok += torch.sum(ans2 == gans).item()

        real_data_num += len(gans)

print(ok, real_data_num, ok/real_data_num)
```

　構築したモデルbert-tagger-0.modelからbert-tagger-9.modelまでを
bert-tagger-test.pyにより評価します。その結果を図5-16に示します。参考
として図3-12で示した2層のLSTMと2層の双方向LSTMにおける結果の比較
も併せて示しています。

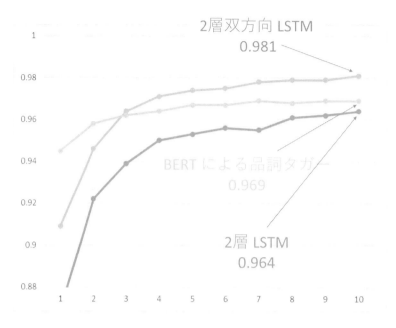

◆図5-16：BERTを利用した品詞タガーの正解率

　正解率だけを見るとBERTを利用した品詞タガーは2層のLSTMよりはよい結果でしたが、2層の双方向LSTMの結果よりは劣っています。ただ注意点としてBERTを利用した品詞タガーでは訓練データがLSTMで使った訓練データの10分の1です。この点を考慮するとBERTを利用した品詞タガーはかなり優秀だと思います。

5.11 | DistilBERT

　BERTは非常に強力な事前学習済みモデルですが、いくつか欠点もあります。その1つはモデルが巨大であることです。モデルが巨大であるために、fine-tuningの際に更新すべきパラメータが非常に多く、バッチ処理を行うにしてもバッチのサイズはかなり小さくしなければなりません。そのため、学習には多大な時間が必要です。また、推論の処理でもモデルが巨大であるため、forwardの計算に多くの時間を必要とします。このような背景からBERTを小型軽量化しようとする研究が活発に行われています。その1つがDistilBERTです。

　DistilBERTはモデル圧縮の技術である「蒸留（distillation）」[6]という手法を用いてBERTを圧縮したモデルです。

　蒸留ではまず圧縮対象であるモデルが必要です。これを教師モデルと名付けます。次に教師モデルと同じタスクを解く、より小さなモデルを設定します。これを生徒モデルと名付けます。蒸留の目的は教師モデルを利用して、教師モデルと同等の性能を持つ生徒モデルを学習することです。学習は基本的に教師モデルが出力するラベル分布と生徒モデルが出力するラベル分布との差を損失（soft target loss）として学習します（図5-17）。

　DistilBERTではBERTが教師モデル、そしてBERTの12層を6層に小型化したモデルが生徒モデルであるDistilBERTです。BERTからの蒸留ではDistilBERTの各層のパラメータをBERTモデルの0、2、4、7、9および11番目の層のパラメータの値で初期化してから学習を行います（図5-18）。

※6　「蒸留」という言葉は最初に聞くと違和感があると思います。「蒸留」とは一般に沸点の違いを利用して混合物から目的の物質を取り出すことを言います。「蒸留」が提案された最初の論文では焼き鈍し法の温度の違いを利用して、目的の知識を取り出すことでモデル圧縮を行おうとしています。そのことから、その手法を「蒸留」と名付けたのだと思います。

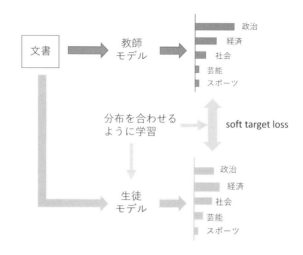

◆図5-17：蒸留の基本手法

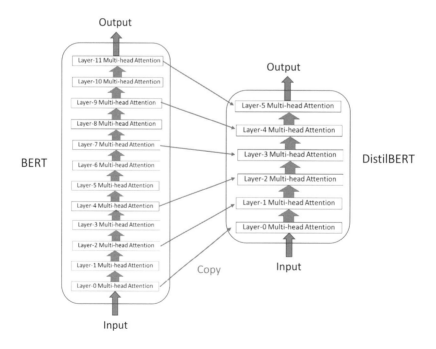

◆図5-18：DistilBERTの蒸留前の初期化

5.11.1 既存のDistilBERTモデルの利用

日本語のDistilBERTモデルとしては、株式会社バンダイナムコ研究所が構築したものが bandainamco-mirai/distilbert-base-japanese という名前で HuggingFace に登録されているので、この名前で読み出して使うことができます。ただし、Tokenizer はこの名前からは取り出せません。サイト[7]を確認すると Tokenizer は BertJapaneseTokenizer を使い、モデル cl-tohoku/bert-base-japanese-whole-word-masking を使っているようです[8]。

```
>>> tknz = BertJapaneseTokenizer.from_pretrained(
        'cl-tohoku/bert-base-japanese-whole-word-masking')
>>> tknz.tokenize("私は犬が好き。")
['私', 'は', '犬', 'が', '好き', '。']
>>> tknz.encode("私は犬が好き。")
[2, 1325, 9, 2928, 14, 3596, 8, 3]
```

モデルは名前で読み込めます。

```
>>> from transformers import DistilBertModel
>>> model = DistilBertModel.from_pretrained(
        'bandainamco-mirai/distilbert-base-japanese')
```

model の使い方は BERT のモデルと同じです。

```
>>> x = tknz.encode("私は犬が好き。")
```

※ 7　https://github.com/BandaiNamcoResearchInc/DistilBERT-base-jp
※ 8　サイトの情報が古くモデル名が違います。 cl-tohoku が必要です。

```
>>> x
[2, 1325, 9, 2928, 14, 3596, 8, 3]
>>> import torch
>>> x = torch.LongTensor(x).unsqueeze(0)
>>> a = model(x)
>>> a[0].shape    # 最終層の埋め込み表現列
torch.Size([1, 8, 768])
```

5.11.2　DistilBERTを用いたMASK単語の推定

　BERTでは BertForMaskedLM を利用して、MASKした単語の推定を行うことができました。DistilBERTでは DistilBertForMaskedLM を利用すればまったく同じことができます。東北大版BERTで行ったときと同じ例文で試してみます。

```
>>> ids = tknz.encode("私 は [MASK] が 好き 。")
>>> mskpos = ids.index(tknz.mask_token_id)
>>> from transformers import DistilBertForMaskedLM
>>> model = DistilBertForMaskedLM.from_pretrained(
        'bandainamco-mirai/distilbert-base-japanese')
>>> x = torch.LongTensor(ids).unsqueeze(0)
>>> a = model(x)
>>> b = torch.topk(a[0][0][mskpos],k=5)
>>> ans = tknz.convert_ids_to_tokens(b[1])
>>> ans
['あなた', '私', 'サッカー', '自分', 'ゴルフ']
```

それほどおかしな結果ではないと思いますが、東北大版BERTでの結果は以下のとおりです。

```
['サッカー', '野球', '音楽', 'あなた', '映画']
```

やはりDistilBERTはBERTの簡易版なので、性能は少し落ちると思います。

5.11.3　DistilBERTを用いた文書分類

DistilBERTのモデルを利用してBERTによる文書分類を行ってみます。

データは、BERTによる文書分類の実験で使ったデータと同じものを利用します（5.9節を参照）。そこで利用したmkdata.pyの中のTokenizerをDistilBERTのモデルのTokenizerに変更して、mkdata.pyの変更版を実行すれば、訓練データのxtrain.pklとytrain.pklおよびテストデータのxtest.pklとytest.pklが作成できます。

リスト5-25：mkdata2.py

```
from transformers import BertJapaneseTokenizer
......
tknz = BertJapaneseTokenizer.from_pretrained(
        'cl-tohoku/bert-base-japanese whole-word masking')
```

BERTの文書分類で作成したdoccls2.pyでは、自前のモデル設定でバッチ処理を行うようにしていました。今回の学習のプログラムは、このdoccls2.pyのBERTモデルの読み込み部分だけを変更すればよいです。doccls2.pyでは以下のようにBERTのモデルを読み込みました。

173

```
from transformers import BertModel
......
bert = BertModel.from_pretrained('cl-tohoku/bert-base-japanese')
```

この部分を以下のように書き換えればよいです。

リスト5-26：db-doccls.py

```
from transformers import DistilBertModel
......
bert = DistilBertModel.from_pretrained(
          'bandainamco-mirai/distilbert-base-japanese')
```

　また、保存するモデルのファイル名はdb-doccls-X.modelにし、100エポックまで学習することにしました。全体のプログラムはdb-doccls.pyです。これは以下のように実行します。

```
$ python db-doccls.py
0 0 2.200000762939453
0 10 21.890301942825317
0 20 22.113969326019287
0 30 21.987404584884644
......
```

　上記のプログラムが終了すると、db-doccls-0.modelからdb-doccls-99.modelまでのモデルのファイルが作成できています。

　BERTの文書分類のときには`doccls-test.py`を利用しました。今回の推論のプログラムもこの`doccls-test.py`のBERTのモデルの設定部分をDistilBERTに変更するだけです。

　以下が`doccls-test.py`のBERTモデルの設定部分です。

```
from transformers import BertModel, BertConfig
......
config = BertConfig.from_pretrained('cl-tohoku/bert-base-japanese')
bert = BertModel(config=config)
```

　これを以下のように書き換えればよいです。

リスト5-27：db-doccls-test.py

```
from transformers import DistilBertModel, DistilBertConfig
......
config = DistilBertConfig.from_pretrained(
            'bandainamco-mirai/distilbert-base-japanese')
bert = DistilBertModel(config=config)
```

　構築したモデル`db-doccls-0.model`から`db-doccls-99.model`までを`db-doccls-test.py`により評価し、その結果を図5-19に示します。参考までに「識別の層とBERTの上位層のみの学習」の結果と`BertForSequence Classification`を利用した結果も併せて示しておきます。

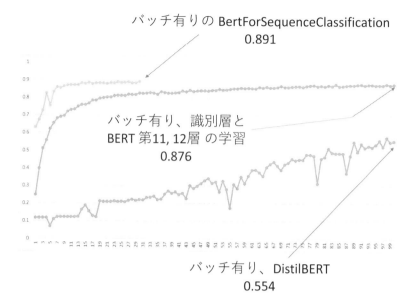

バッチ有りの BertForSequenceClassification
0.891

バッチ有り、識別層と
BERT 第11, 12層 の学習
0.876

バッチ有り、DistilBERT
0.554

◆図5-19：DistilBERTによる文書分類の正解率

　グラフの様子からもっとエポック数を上げればもう少し正解率は上がるとは思いますが、BERTの結果には及ばないでしょう。DistilBERTの目的は性能改善ではなく、計算の効率化です。本実験は同じデータ、同じエポック数で学習と推論を行いましたが、両方とも概ねBERTの半分の処理時間で済みました。

5.11.4　Laboro版DistilBERTを用いた文書分類

　本書の執筆中（2020年12月18日）に株式会社Laboro.AIからLaboro版DistilBERTが公開されました。バンダイナムコのものと比べると、学習に利用したコーパスがかなり大規模なので、DistilBERTのモデルとしては、こちらを使うのがよいと思います。HuggingFaceにも`laboro-ai/distilbert-base-japanese`という名前で登録されているので、簡単に利用できます。ここではLaboro版DistilBERTを利用して文書分類を行ってみます。

まずTokenizerですが、サイト[9]を確認すると以下のように呼び出すようです。

```
>>> from transformers import AlbertTokenizer
>>> tknz = AlbertTokenizer.from_pretrained(
                'laboro-ai/distilbert-base-japanese')
>>> tknz.tokenize("私は犬が好き。")
['\u2581私は', '犬', 'が好き', '。']
>>> tknz.encode("私は犬が好き。")
[2, 850, 1536, 4166, 5, 3]
```

　上記のTokenizerを利用して、バンダイナムコのモデルで実験したように訓練データとテストデータを作り直してから、db-doccls.pyを実行すればよいです。これらのコードはモデル名が違っているだけなので省略し、結果だけを図5-20に示します。

※9　　https://github.com/laboroai/Laboro-DistilBERT-Japanese

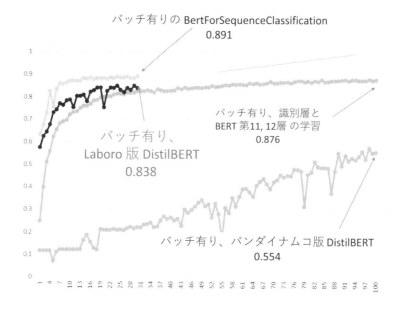

◆図5-20:Laboro版DistilBERTによる文書分類の正解率

　バンダイナムコのDistilBERTと比べるとかなり性能が高いことがわかります。ただやはり性能的にはBERTよりも劣るようです。

5.12 SentenceBERT

　文の埋め込み表現を求めることは自然言語処理のシステムでは頻繁に必要になる処理です。BERTはfine-tuningを行うことで、タスクに適した文の埋め込み表現を構築することができますが、fine-tuningを行わずに素のBERTからの出力により文の埋め込み表現を求めるには、一般に、特殊token[CLS]の埋

め込み表現を利用するか、あるいは文中の各単語の埋め込み表現の平均ベク
トルを利用するかのどちらかです。そしてそのどちらの方法を利用しても、実
は得られる文の埋め込み表現としては、適切なものにはなっていないことが
知られています。結局、BERTは下流のタスクがないと利用価値が低いです。
fine-tuningを行わずにある程度適切な文の埋め込み表現を算出できるBERTが
SentenceBERTです。

SentenceBERTは、概略を述べれば、含意関係認識のような文の意味的な類
似度を測るようなタスクを下流のタスクとしてBERTをfine-tuningしたものです。
そのため、SentenceBERTが算出する文の埋め込み表現は文の類似度を測るよ
うなタスクに対してより適切な表現になっています。また、文の意味的な類似
度が効くようなタスクを下流のタスクに設定してSentenceBERTをfine-tuningす
れば、BERTでfine-tuningするよりもさらに精度の高い結果を得ることができます。

5.12.1　既存のSentenceBERTモデルの利用

日本語のSentenceBERTモデルを構築するには通常、含意関係認識の大規模
なデータセットが必要です。そのようなデータセットで手軽に利用できる大規
模なものはないので、自前で構築するのは困難です。ただ以下のサイトで日本
語のSentenceBERTモデルが構築、公開されています[※10]。

```
https://qiita.com/sonoisa/items/1df94d0a98cd4f209051
```

モデルをダウンロードして展開すると以下のファイル群が得られます。

※10　学習に利用したデータセットについては述べられていません。BERTモデルはこのページの「日本語
モデル (442.8MB)」のリンク先から入手できるようになっています。リンク先のURLは下記のとお
りです。
https://www.floydhub.com/api/v1/resources/JLTtbaaK5dprnxoJtUbBbi?content=true&dow
nload=true&rename=sonobe-datasets-sentence-transformers-model-2

```
training_bert_japanese/0_BERTJapanese/added_tokens.json

training_bert_japanese/0_BERTJapanese/config.json

training_bert_japanese/0_BERTJapanese/pytorch_model.bin

training_bert_japanese/0_BERTJapanese/sentence_bert_config.json

training_bert_japanese/0_BERTJapanese/special_tokens_map.json

training_bert_japanese/0_BERTJapanese/tokenizer_config.json

training_bert_japanese/0_BERTJapanese/vocab.txt

training_bert_japanese/1_Pooling/config.json

training_bert_japanese/config.json

training_bert_japanese/modules.json
```

　SentenceBERTのモデルを学習するにはsentence_transformersというパッケージをインストールする必要がありますが、単に利用するだけであれば、インストールは必要ありません。上記のpytorch_model.binをBERTのモデルとして読む込むだけでよいです。

　確認してみます。まずtraining_bert_japanese/0_BERTJapanese/のディレクトリに移動します。次に上記のtokenizer_config.jsonの中を見ると、形態素解析にはMeCabを使っているようなので、上記のvocab.txtを語彙リストにしてBertJapaneseTokenizerでTokenizerを作ればよいです。

```
>>> from transformers import BertJapaneseTokenizer
>>> tknz = BertJapaneseTokenizer(vocab_file='vocab.txt',
            do_lower_case=False,do_basic_tokenize=False)
>>> from transformers.models.bert_japanese
            import tokenization_bert_japanese
>>> tknz.word_tokenizer = tokenization_bert_japanese.MecabTokenizer()
```

次にSentenceBERTであるBERTを、上記の設定ファイルconfig.jsonの内容で読み込みます。

```
>>> from transformers import BertModel, BertConfig
>>> config = BertConfig.from_json_file('config.json')
>>> net = BertModel.from_pretrained('pytorch_model.bin', config=config)
```

以上の準備ができたら、入力文に対してBERTの出力が得られます。最後にSentenceBERTでは各単語に対する埋め込み表現の平均ベクトルを取ることで入力文の埋め込み表現mvを構築します。

```
>>> ids = tknz.encode("私は犬が好き。")
>>> x = torch.LongTensor(ids).unsqueeze(0)
>>> a = net(x)
>>> bs, wc, dm = a[0].shape
>>> sum_vec = a[0][0][0]
>>> for i in range(1,wc):
        sum_vec += a[0][0][i]
>>> mv = sum_vec / wc
>>> mv.shape
torch.Size([768])
```

5.12.2　バッチに対する平均ベクトルの算出

平均ベクトルを求めるとき、バッチのデータではPaddingが含まれているので少し面倒です。HuggingFaceのサイトでは以下のコードが例示されています。こ

れはバッチのデータに対して平均ベクトルを求める関数です。

リスト5-28：sbert0.py

```
def mean_pooling(model_output, attention_mask):

    token_embeddings = model_output[0]

    input_mask_expanded = attention_mask.unsqueeze(-1)\
                .expand(token_embeddings.size()).float()

    sum_embeddings = torch.sum(
                token_embeddings * input_mask_expanded, 1)

    sum_mask = torch.clamp(input_mask_expanded.sum(1), min=1e-9)

    return sum_embeddings / sum_mask
```

　SentenceBERTの利用例として以下の3つの文に対して、SentenceBERTによって文の埋め込みを作り、cosで類似度を計算してみます。プログラムはsbert0.pyとしておきます。

リスト5-29：sbert0.py

```
ss = [ "大学構内では喫煙禁止です。",

        "学校でタバコを吸うのはダメです。",

        "今日は学校でタバコを買った。"]
```

　まず以下によりSentenceBERTの入力を作ります。

リスト5-30：sbert0.py

```
xs1, xmsk = [], []
for i in range(len(ss)):
    tid = tknz.encode(ss[i])
    xs1.append(torch.LongTensor(tid))
    xmsk.append(torch.LongTensor([1] * len(tid)))
xs1 = pad_sequence(xs1, batch_first=True).to(device)
xmsk = pad_sequence(xmsk, batch_first=True).to(device)
```

SentenceBERT（p.181のコードのnet）からの出力と関数mean_poolingを用いて、文間の類似度をtorch.cosine_similarityで測ります。

リスト5-31：sbert0.py

```
out = net(xs1,xmsk)
sv = mean_pooling(out, xmsk)
print("cos(s0,s1) = ",
      torch.cosine_similarity(sv[0],sv[1],dim=0).item())
print("cos(s0,s2) = ",
      torch.cosine_similarity(sv[0],sv[2],dim=0).item())
print("cos(s1,s2) = ",
      torch.cosine_similarity(sv[1],sv[2],dim=0).item())
```

全体のプログラムsbert0.pyを実行すると、以下の実行結果が得られました。

```
$ python sbert0.py
cos(s0,s1) =  0.5405824184417725
cos(s0,s2) =  0.18729254603385925
cos(s1,s2) =  0.6100609302520752
```

意味的に考えるとcos(s0,s1) > cos(s1,s2)となると思いますが、cos(s0,s1) > cos(s0,s2)とcos(s1,s2) > cos(s0,s2)は正しく判定でき、cos(s0,s1)とcos(s1,s2)の差も小さいことから、そこそこよい感じです。

ちなみに利用するモデルをSentenceBERTから東北大版BERTに変更して実験してみました。コードはsbert1.pyです。sbert1.pyとsbert0.pyの違いはモデルとTokenizerの部分だけです。結果は以下のようになりました。

```
$ python sbert1.py
cos(s0,s1) =  0.8647053241729736
cos(s0,s2) =  0.824775755405426
cos(s1,s2) =  0.8645073175430298
```

まったく類似度を算出できていません。BERTの出力から適切な文の埋め込み表現を作るのは難しいことがわかります。

5.12.3　SentenceBERTを用いた文書分類

SentenceBERTを利用して文書分類を行ってみます。feature basedのやり方とfine-tuningのやり方の両方を試してみます。

　まずデータはBERTによる文書分類の実験で使ったデータと同じものを利用します（5.9節を参照）。そこで利用したmkdata.pyの中のTokenizerをSentenceBERTのモデルのTokenizerに変更して、mkdata.pyの変更版を実行すれば、訓練データのxtrain.pklとytrain.pklおよびテストデータのxtest.pklとytest.pklが作成できます。語彙リストのファイルvocab.txtを現在のディレクトリに置いておくことに注意してください。

リスト5-32：mkdata3.py

```
from transformers import BertJapaneseTokenizer
from transformers.models.bert_japanese \
        import tokenization_bert_japanese
......
tknz = BertJapaneseTokenizer(vocab_file='vocab.txt',
        do_lower_case=False,do_basic_tokenize=False)
tknz.word_tokenizer = tokenization_bert_japanese.MecabTokenizer()
```

　BERTの文書分類で作成したdoccls2.pyでは、自前のモデル設定でバッチ処理を行うようにしていました。今回の学習のプログラムsb-doccls-ft.pyは、このdoccls2.pyを修正して作ります。BERTのモデルの読み込み部分と全体のモデルDocClsの部分を以下のように変更します。モデルの読み込みで指定するconfig.jsonとpytorch_model.binは、先にダウンロードしたSentenceBERTの設定ファイルとモデルです。また、先の関数mean_poolingをDocClsのメソッドにしています。

リスト5-33：sb-doccls-ft.py

```
config = BertConfig.from_json_file('config.json')

bert = BertModel.from_pretrained('pytorch_model.bin',config=config)



class DocCls(nn.Module):

    def __init__(self,bert):

        super(DocCls, self).__init__()

        self.bert = bert

        self.cls=nn.Linear(768,9)

    def forward(self,x1,x2):

        bout = self.bert(input_ids=x1, attention_mask=x2)

        a = self.mean_pooling(bout, x2)

        return self.cls(a)

    def mean_pooling(self, model_output, attention_mask):

        ......
```

feature based のプログラム `sb-doccls-fb.py` は BERT の feature based のプログラムである `doccls3.py` を修正して作ります。こちらも `sb-doccls-ft.py` の場合と同様、BERT のモデルの読み込み部分と全体のモデル `DocCls` の部分を変更します。

推論のプログラムの `sb-doccls-ft-test.py` と `sb-doccls-fb-test.py` は `doccls-test.py` や `doccls3-test.py` を上記と同様に修正して作ります。

`sb-doccls-ft.py` と `sb-doccls-fb.py` の実行結果を図5-21に示します。

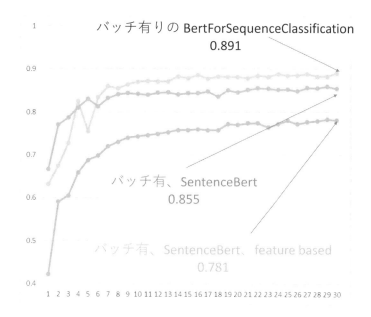

◆図5-21：SentenceBERTを用いた文書分類の正解率

　BERTの結果と比べるとやや劣っています。SentenceBERTは2文間の類似度を測るタスクに利用すべきものだと思います。

5.13 | 2文入力のタスクに対するBERTの利用

　BERTは4つのタイプのタスクに利用できると言われています。第1のものは1文を入力し、その文に対して何らかのラベルを付与するものです。たとえば文書分類のようなタスクです。第2のものは1文を入力し、その文を構成する各単語に対して何らかのラベルを付与するものです。たとえば品詞タガーのよ

うなタスクです。この第1と第2のタイプのタスクはすでに説明しました。第3のものと第4のものはどちらも2文を入力します。

5.13.1　2文入力タイプのBERTの入出力

　BERTへの入力は1文目の単語id列と2文目の単語id列を連結したリストです。1文目の最初に特殊token [CLS] が入り、1文目の最後に特殊token [SEP] が入り、そして2文目の最後にも特殊token [SEP] が入ります。これが通常のBERTの入力となる単語id列ですが、入力が2文の場合は、その2文に対応する単語id列の他に、token type列（token_type_ids）も一緒に入力しなければなりません。token type列は単語が1文目のものか2文目のものかを示す0と1からなるリストです。単語が1文目のものなら0、単語が2文目のものなら1です。BERTからの出力は1文の場合と同じ、つまり各単語に対する埋め込み表現列です（図5-22）。

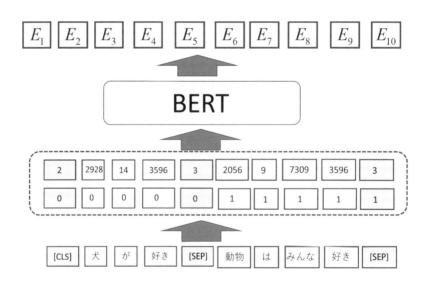

◆図5-22：2文入力のBERT

　BERTに2文入力を行う場合、2文に対応する単語id列は、それぞれの文に対してTokenizerのencodeを使って、単語id列を作り、特殊token [CLS] と [SEP] を適当に挿入すれば作れます。また、token type列もそれぞれの文の長さを測れば、ベタに作成することは可能です。ただそういう処理をしなくても、Tokenizerにはencode_plusという非常に便利な関数が用意されています。これは2文の文字列を与えるだけで、2文を連結した単語id列の他にtoken type列も作ってくれます。以下に使い方の例を示します。

```
>>> from transformers import BertJapaneseTokenizer
>>> tknz = BertJapaneseTokenizer.from_pretrained(
            'cl-tohoku/bert-base-japanese')
>>> ec = tknz.encode_plus("犬が好き","動物はみんな好き")
>>> ec
{'input_ids': [2, 2928, 14, 3596, 3, 2056, 9, 7309, 3596,
3], 'token_type_ids': [0, 0, 0, 0, 0, 1, 1, 1, 1, 1],
'attention_mask': [1, 1, 1, 1, 1, 1, 1, 1, 1, 1]}
```

　上記例のecがencode_plusの出力ですが、これが辞書になっており、input_idsというkeyで2文を連結した単語id列が得られ、token_type_idsというkeyでtoken type列が得られます。

5.13.2　2文入力タイプのタスク

　第3のタイプのタスクは1文目と2文目に関して何らかのラベルを返すものです。先頭の特殊token [CLS] の埋め込み表現に識別層であるWを適用してラベルを得ます。たとえば含意関係認識のようなタスクに利用されます（図5-23）。

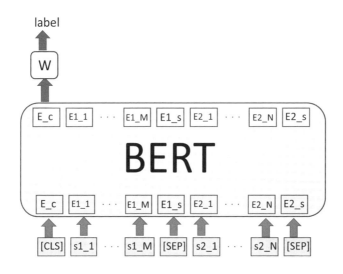

◆図5-23：BERTを用いた第3タイプのタスク（2文間関係の認識）

　第4のタイプのタスクは1文目が質問文、2文目が文書であるようなQAタスク[11]です。BERTの出力をQAのネットワークに入れて、各単語に対して、その単語が回答の開始位置になる確率P_Sと終了位置になる確率P_Eとを算出します。最終的には開始位置で最も高い確率の単語から、終了位置で最も高い確率の単語までを回答として出力します（図5-24）。

※ 11　質問の回答を文書内から取り出すタイプの QA タスクです。

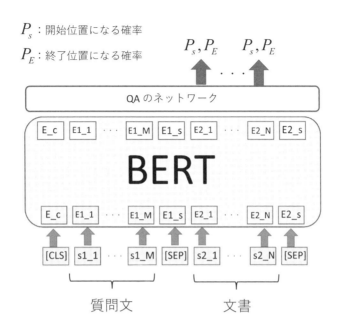

◆図5-24：BERTを用いた第4タイプのタスク（QAタスク）

　第3のタイプのタスクでも第4のタイプのタスクでも、BERTの出力を利用した下流のタスクのプログラムをどう作るかがポイントです。この辺りはBERTの利用とは少し離れるので解説は省きます。第3のタイプのタスクと第4のタイプのタスクについては、下流のタスクも含めた全体のモデルがHuggingFaceで公開されているので、ここではそれらのモデルの利用について説明します。

5.13.3　HuggingFaceの登録モデルの利用

　既存のモデルを利用する場合、HuggingFaceのサイトで登録されているモデルから探すのがよいと思います。それらを使うためのライブラリも準備されているからです。HuggingFaceのサイトではBERTを初めとするTransformers系の事前学習済みモデルが数多く登録されています。有名なタスクに対してfinetuningした学習済みモデルも登録されています。

　HuggingFaceでの学習済みモデルを探すには以下のページを利用します。

```
https://huggingface.co/models
```

　検索窓の部分にキーワードを入力すると関係するモデルの一覧が表示されます。たとえば「squad」と入力すると関係するモデルの一覧が表示されます（図5-25）。

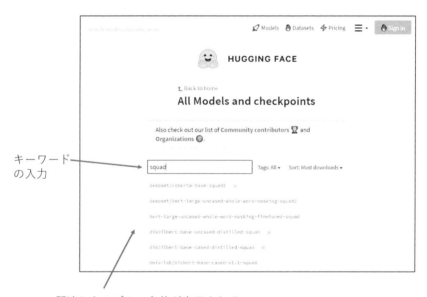

キーワード
の入力

関連したモデルの名前が表示される

◆図5-25：HuggingFaceの登録モデルの検索

　適当だと思われる名前のモデルが見つかったら、そのモデルのページの説明を読むことで使い方の情報も得られます。

5.13.4　BERTを利用した含意関係認識

　含意関係認識というタスクは、2つの文TとHが与えられ、Tが正しいときにHも正しいと言えるかどうかを判定するタスクです。正しいと言える場合は「(TはHを) 含意する」と判定します。

　たとえば以下の2文を考えてみます。

T：　太郎と花子は夫婦です。

H：　花子の夫は太郎です。

　普通に考えればTが正しいならHも正しいので、この例題は「含意する」が正解です。ただ厳密に考えれば「太郎」というのが男性で「花子」というのが女性であるとは限りませんし、TとHの「花子」が同一人物であるとも限りません。いろいろと穿った見方をすれば、何でも「含意する」とは言えなくなるのですが、その辺りは「普通に考えて」というのが暗黙の仮定になっていると思います。

　この含意関係認識というタスクは、実は自然言語処理では意味解析の本質的な問題になっています。そのため、高精度に解くのはかなり難しいところです。含意関係認識に対してどういったアプローチをとればよいかもまだはっきりしていませんが、1つ単純な方法としてTとHの意味的な類似度を測るという方法があります。TとHの表す意味が似ているなら、TはHを含意するだろう、というアイデアです。このアイデアの実装は容易です。何らかの手法を利用してTやHをある意味の空間に埋め込み、cosなどで類似度を測るだけです。さらにその意味の空間への埋め込みや類似度の測り方もブラックボックス化してネットワークで表現したものが、結局、2文入力タイプのBERTだと見なせます。そのネットワーク、つまりBERTの学習はTとHの2文とそれが含意するかどうかの○×を大量に与えれば可能です。

　含意関係認識を解くために作られた日本語のBERTのモデルというのは見かけません[12]。ただし、京都大学の黒橋研が公開している日本語SNLI(JSNLI) データセットのような含意関係認識の日本語のデータセットも構築されていくでしょうから、今後は含意関係認識のタスクでfine-tuningされたBERTも出てくるとは思います。GLUE[13]に含まれる含意関係認識のデータセットMNLIで英語のBERTをfine-tuningしたモデルが公開されているので、ここではそれを使った含意関係認識を試すことで、モデルの利用法を確認します。

　利用するモデルは`facebook/bart-large-mnli`[14]です。これは`BertForSequenceClassification`のモデルです。ラベルは「含意する」と「含意しない」の2つで、識別結果としてそれらのラベルに対する度合いが得られます。

```
>>> from transformers
        import BertTokenizer, BertForSequenceClassification
>>> tknz = BertTokenizer.from_pretrained('bert-base-uncased')
>>> t = "Taro and Hanako are a married couple."
>>> h = "Hanako's husband is Taro."
>>> ec = tknz.encode_plus(t, h)
>>> ids = ec['input_ids']
>>> tids = ec['token_type_ids']
>>> net = BertForSequenceClassification.from_pretrained(
        'facebook/bart-large-mnli',num_labels=2)
>>> out = torch.tensor([ids]), token_type_ids=torch.tensor([tids]))
>>> out[0]
tensor([[0.4021, 0.0433]], grad_fn=<AddmmBackward>)
```

※12　ただし、日本語の SentenceBERT は含意関係認識のタスクに利用できます。
※13　GLUE とは自然言語処理のベンチマークセットです。 https://gluebenchmark.com/
※14　約1.6G のモデルなので、ダウンロードする際はご注意ください。

「含意する」が0.4021と「含意しない」が0.0433なので、「含意する」と言え
そうです。

5.13.5　BERTを利用したQAタスク

QAタスクは質問に対してその回答を返すタスクですが、タスクの設定によっ
ていろいろなタイプが存在します。最も簡易なタイプとしては質問文と文書が
与えられ、与えられた文書内から質問文の回答を求めるというものです。とり
あえず回答は文書内に必ず存在すると仮定しておきます。

この設定の場合、回答は文書内の位置を答える形になります。具体的には「文
書内の何単語目から何単語目まで」の語句が回答であるという形で、回答の開
始位置と終了位置を返す形になります（図5-26）。

文書

昨日	、	太郎	は	花子	に	会い	に	駅	に	行っ	た	。
1	2	3	4	5	6	7	8	9	10	11	12	13

駅	に	は	花子	で	は	なく	洋子	が	い	た	。
14	15	16	17	18	19	20	21	22	23	24	25

質問文

太郎は駅で誰と会いましたか？

 　答え： 洋子
　　　　　開始位置 21、終了位置 21

◆図5-26：QAタスクの入出力

　このような設定のQAタスクとしてはSQUADというタスクが最も有名です。SQUADはデータセットの名前でもあります。英語のWikipediaからパラグラフ（QAタスクの文書に相当）を取り出し、人手で質問と回答を10万組作っています。実はこれは初期のバージョン1.1のSQUADです。上記の設定のQAタスクは文書内に回答が必ず存在するという情報がかなり効きます。たとえば日時を聞かれたら、文書の内容を理解せずとも日時の表現を取り出せば、概ね正解になります。この点を改善するために、回答が文書内に存在しない質問と文書の組を5万組追加したものがバージョン2.0のSQUADです。明らかにSQUAD 2.0は難しいタスクになりましたが、このタスクに対してBERTを使ったモデルが人間以上のスコアを出したことから、BERTがかなり有名になりました。

　ここでは以下のモデルを利用してQAタスクを試すことで、モデルの利用法を確認します。

```
bert-large-uncased-whole-word-masking-finetuned-squad
```

　QAの問題である文書と質問文は以下のものにします。

```
doc = "Yesterday, Taro went to the station
        to meet Hanako. But she was not there,
        Yoko was."
q = "Who did Taro see at the station?"
```

　Tokenizerとモデルの設定は以下のとおりです。

```
>>> from transformers import BertTokenizer, BertForQuestionAnswering
>>> tknz = BertTokenizer.from_pretrained('bert-base-uncased')
>>> net = BertForQuestionAnswering.from_pretrained(
```

```
'bert-large-uncased-whole-word-masking-finetuned-squad')
```

先ほどの文書と質問文からencode_plusを使って、モデルへの入力を作ります。

```
>>> import torch
>>> ec = tknz.encode_plus(q, doc)
>>> ids = ec['input_ids']
>>> tids = ec['token_type_ids']
```

idsとtidsをバッチが1のtensorに変換してモデルに入力します。

```
>>> out = net(torch.tensor([ids]), token_type_ids=torch.tensor([tids]))
>>> sp = torch.argmax(out.start_logits)
>>> ep = torch.argmax(out.end_logits)
```

モデルからの出力outの属性start_logitsに入力の各単語に対する開始位置のlogitsが入っています。argmaxで最大logitsの位置、つまり推定される開始位置spを得ます。同じようにoutの属性end_logitsから推定される終了位置epを得ます。

以下は開始位置spと終了位置epから、回答となる単語列を取り出す処理です。

```
>>> alltokens = tknz.convert_ids_to_tokens(ids)
>>> ans = ' '.join(alltokens[sp: ep+1])
>>> ans
'hana ##ko'
```

　大文字小文字は区別しない処理にしており、'hanako' は語彙リストにないので、subword に分割されています。正解は 'yoko' なので、この例のように少し推論が必要なものは苦手なのだと思います。

付録 A

プログラミング環境の構築（Windows）

　本付録では、Windows 上で PyTorch のプログラミングを行うために必要なツールのインストールについて説明します。

A.1 | Anaconda

　Anaconda はデータサイエンスや機械学習関連アプリケーションのための Python のディストリビューションです。簡単に言えばディープラーニングなどの機械学習に必要なパッケージがあらかじめインストールされている Python です。以下がダウンロード先の URL です。

```
https://www.anaconda.com/products/individual
```

　本書執筆時点では、ここから Python 3.8 の ［64-Bit Graphical Installer (457 MB)］ をダウンロードして、ダウンロードしたファイルをクリックすればインストールできます。

A.2 | PyTorch

　PyTorch のダウンロード先の URL は以下のとおりです。

```
https://pytorch.org/get-started/locally/
```

　そこで自分の環境を選択していくと、[Run this Command:]の部分にインストールするためのコマンドが表示されるので、これをコピーして、所定の環境で実行すればよいです（図A-1）。

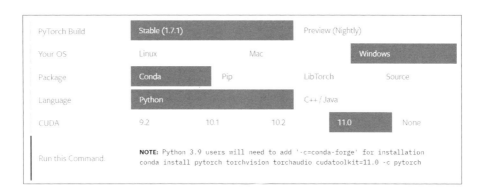

◆図A-1：PyTorchのインストールコマンドの設定

　図A-1の画面で［Stable(1.71)］［Windows］［Conda］［Python］［11.0］を選択すると、［Run this Command:］の部分に以下が表示されます。

```
conda install pytorch torchvision torchaudio cudatoolkit=11.0 -c
pytorch
```

　Anacoda Promptを立ち上げて、上記のコマンドを実行することでPyTorchがインストールできます。

A.3 CUDA

　自分のマシンに NVIDIA 社の GPU があれば、CUDA をインストールすることで、PyTorch から GPU を利用できます。ディープラーニングの学習プログラムを実際に動かすためには GPU は必須です。

　ただし、CUDA を Windows にインストールするのは少し面倒です。バージョンが少し違っただけで、以前のうまくいった手順でも失敗することがあるので、CUDA のバージョンには注意が必要です。また、MSVC ビルドツールのインストールも必要になりますが、MSVC ビルドツールのバージョンの違いも影響があるので、そのバージョンにも注意が必要です。

　本書執筆時点（2021 年 1 月 6 日）での CUDA Toolkit の最新バージョンは 11.2 ですが、PyTorch が正式にサポートしている CUDA は 11.0 までなので、ここでは CUDA 11.0 のインストールについて解説します。

　CUDA Toolkit 11.0 に対応する MSVC ビルドツールは「Build Tools for Visual Studio 2019」です。まず MSVC ビルドツール「Build Tools for Visual Studio 2019」を以下のサイトからインストールします。

```
https://visualstudio.microsoft.com/ja/downloads/
```

　上記のサイトの［すべてのダウンロード］の［Visual Studio 2019 のツール］の下に表示される［Build Tools for Visual Studio 2019］の［ダウンロード］をクリックします。vs_buildtools__2077390584.1585632513.exe[1] というファイルがダウンロードできるので、それを実行します。

---

[1]　ファイル名後半にある数字列はこの場合とは異なる可能性が高いです。数字列の違いは気にしないでください。

　そうすると図A-2のようなウィンドウが表示されます。このウィンドウの左上にある［C++ Build Tools］を選択します。

ここをチェック

◆図A-2：「Build Tools for Visual Studio 2019」のインストール

　このウィンドウの右側では、念のためv142のビルドツールに関するオプションを選択しておき（図A-3）、その下にあるインストールのボタンを押してインストールを行います。

A

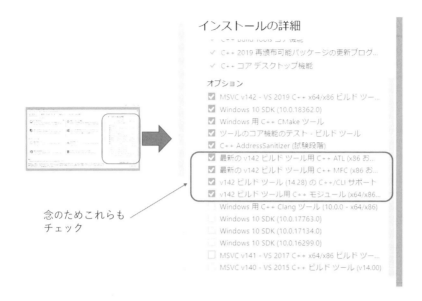

◆図A-3：「Build Tools for Visual Studio 2019」のインストールのオプション

「Build Tools for Visual Studio 2019」のインストールが完了したら、次にCUDA-toolkit 11.0のインストールを行います。まず以下のURLのページにアクセスし、自身の環境を選択していけばインストールのためのコマンドが示されるので、そのコマンドを実行することでインストールが行えます。

```
https://developer.nvidia.com/cuda-11.0-update1-download-archive
```

途中で図A-4のようにオプションの「CUDA Visual Studio Integration」のチェックを促されます。ここは文面を気にせずにチェックすればCUDAのインストールを進めることができます。

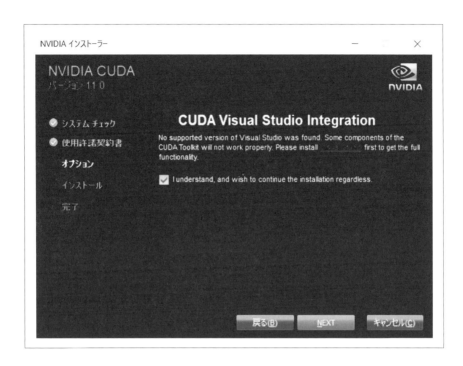

◆図A-4：「CUDA Visual Studio Integration」のチェック

　最後に「Nsightがインストールされていない」と表示されて終了しますが、PyTorchからCUDAを使うだけなのであればNsightは必要ないので、気にする必要はありません。

MEMO

PyTorch自然言語処理プログラミング

付録 B

本書で解説した
主要プログラム集

B.1 │ iris0.py

```
#!/usr/bin/python
# -*- coding: sjis -*-

import torch
import torch.nn as nn
import torch.optim as optim
import torch.nn.functional as F
import numpy as np

# Data setting

from sklearn import datasets
from sklearn.model_selection import train_test_split

iris = datasets.load_iris()
xtrain, xtest, ytrain, ytest = train_test_split(iris.data,
                                                iris.target,
                                                test_size=0.5)

xtrain = torch.from_numpy(xtrain).type('torch.FloatTensor')
ytrain = torch.from_numpy(ytrain).type('torch.LongTensor')
xtest = torch.from_numpy(xtest).type('torch.FloatTensor')
ytest = torch.from_numpy(ytest).type('torch.LongTensor')
```

```
# Define model

class MyIris(nn.Module):
    def __init__(self):
        super(MyIris, self).__init__()
        self.l1=nn.Linear(4,6)
        self.l2=nn.Linear(6,3)
    def forward(self,x):
        h1 = torch.sigmoid(self.l1(x))
        h2 = self.l2(h1)
        return h2


# model generate, optimizer and criterion setting

model = MyIris()
optimizer = optim.SGD(model.parameters(),lr=0.1)
criterion = nn.CrossEntropyLoss()


# Learn

model.train()
for i in range(1000):
    output = model(xtrain)
    loss = criterion(output,ytrain)
    print(i, loss.item())
```

```
    optimizer.zero_grad()

    loss.backward()

    optimizer.step()


# torch.save(model.state_dict(),'myiris.model')        # モデルの保存

# model.load_state_dict(torch.load('myiris.model')) # モデルの呼び出し


# Test


model.eval()

with torch.no_grad():

    output1 = model(xtest)

    ans = torch.argmax(output1,1)

    print(((ytest == ans).sum().float() / len(ans)).item())
```

B.2 | lstm.py

```
#!/usr/bin/python

# -*- coding: sjis -*-


import torch

import torch.nn as nn
```

```python
import torch.optim as optim

import torch.nn.functional as F

import numpy as np

import pickle


device = torch.device("cuda:0"
                       if torch.cuda.is_available() else "cpu")


with open('dic.pkl','br') as f:
    dic = pickle.load(f)


labels = {"名詞": 0, "助詞": 1, "形容詞": 2,
          "助動詞": 3, "補助記号": 4, "動詞": 5, "代名詞": 6,
          "接尾辞": 7, "副詞": 8, "形状詞": 9, "記号": 10,
          "連体詞": 11, "接頭辞": 12, "接続詞": 13,
          "感動詞": 14, "空白": 15}


# Data setting

with open('xtrain.pkl','br') as f:
    xtrain = pickle.load(f)


with open('ytrain.pkl','br') as f:
    ytrain = pickle.load(f)


# Define model
```

```
class MyLSTM(nn.Module):

    def __init__(self, vocsize, posn, hdim):

        super(MyLSTM, self).__init__()

        self.embd = nn.Embedding(vocsize, hdim)

        self.lstm = nn.LSTM(input_size=hdim, hidden_size=hdim)

        self.ln   = nn.Linear(hdim, posn)

    def forward(self, x):

        x = self.embd(x)

        lo, (hn, cn) = self.lstm(x)

        out = self.ln(lo)

        return out


# model generate, optimizer and criterion setting

net = MyLSTM(len(dic)+1, len(labels), 100).to(device)

optimizer = optim.SGD(net.parameters(),lr=0.01)

criterion = nn.CrossEntropyLoss()


# Learn

for ep in range(1,11):

    loss1K = 0.0

    for i in range(len(xtrain)):

        x = [ xtrain[i] ]

        x = torch.LongTensor(x).to(device)
```

```
        output = net(x)

        y = torch.LongTensor( ytrain[i] ).to(device)

        loss = criterion(output[0],y)

        if (i % 1000 == 0):

            print(i, loss1K)

            loss1K = loss.item()

        else:

            loss1K += loss.item()

        optimizer.zero_grad()

        loss.backward()

        optimizer.step()

    outfile = "lstm0-" + str(ep) + ".model"

    torch.save(net.state_dict(),outfile)
```

B.3 | nmt.py

```
#!/usr/bin/python
# -*- coding: sjis -*-


import torch

import torch.nn as nn

import torch.optim as optim
```

```python
import torch.nn.functional as F

import numpy as np


device = torch.device("cuda:0"
                        if torch.cuda.is_available() else "cpu")


# Data setting

id, eid2w, ew2id = 1, {}, {}
with open('train.en.vocab.4k','r',encoding='utf-8') as f:
    for w in f:
        w = w.strip()
        eid2w[id] = w
        ew2id[w] = id
        id += 1
ev = id


edata = []
with open('train.en','r',encoding='utf-8') as f:
    for sen in f:
        wl = [ew2id['<s>']]
        for w in sen.strip().split():
            if w in ew2id:
                wl.append(ew2id[w])
            else:
                wl.append(ew2id['<unk>'])
```

```
        wl.append(ew2id['</s>'])

        edata.append(wl)


id, jid2w, jw2id = 1, {}, {}
with open('train.ja.vocab.4k','r',encoding='utf-8') as f:
    id = 1
    for w in f:
        w = w.strip()
        jid2w[id] = w
        jw2id[w] = id
        id += 1
jv = id


jdata = []
with open('train.ja','r',encoding='utf-8') as f:
    for sen in f:
        wl = [jw2id['<s>']]
        for w in sen.strip().split():
            if w in jw2id:
                wl.append(jw2id[w])
            else:
                wl.append(jw2id['<unk>'])
        wl.append(jw2id['</s>'])
        jdata.append(wl)


# Define model
```

```
class MyNMT(nn.Module):
    def __init__(self, jv, ev, k):
        super(MyNMT, self).__init__()
        self.jemb = nn.Embedding(jv, k)
        self.eemb = nn.Embedding(ev, k)
        self.lstm1 = nn.LSTM(k, k, num_layers=2,
                             batch_first=True)
        self.lstm2 = nn.LSTM(k, k, num_layers=2,
                             batch_first=True)
        self.W = nn.Linear(k, ev)
    def forward(self, jline, eline):
        x = self.jemb(jline)
        ox, (hnx, cnx) = self.lstm1(x)
        y = self.eemb(eline)
        oy, (hny, cny) = self.lstm2(y,(hnx, cnx))
        out = self.W(oy)
        return out


# model generate, optimizer and criterion setting

demb = 200

net = MyNMT(jv, ev, demb).to(device)

optimizer = optim.SGD(net.parameters(),lr=0.01)

criterion = nn.CrossEntropyLoss()
```

```
# Learn

net.train()
for epoch in range(20):
    loss1K = 0.0
    for i in range(len(jdata)):
        jinput = torch.LongTensor([jdata[i][1:]]).to(device)
        einput = torch.LongTensor([edata[i][:-1]]).to(device)
        out = net(jinput, einput)
        gans = torch.LongTensor([edata[i][1:]]).to(device)
        loss = criterion(out[0],gans[0])
        loss1K += loss.item()
        if (i % 100 == 0):
            print(epoch, i, loss1K)
            loss1K = 0.0
        optimizer.zero_grad()
        loss.backward()
        optimizer.step()
    outfile = "nmt-" + str(epoch) + ".model"
    torch.save(net.state_dict(),outfile)
```

B.4 | att-nmt.py

```python
#!/usr/bin/python
# -*- coding: sjis -*-

import torch
import torch.nn as nn
import torch.optim as optim
import torch.nn.functional as F
import numpy as np


device = torch.device("cuda:0"
                      if torch.cuda.is_available() else "cpu")


# Data setting

id, eid2w, ew2id = 1, {}, {}
with open('train.en.vocab.4k','r',encoding='utf-8') as f:
    for w in f:
        w = w.strip()
        eid2w[id] = w
        ew2id[w] = id
        id += 1
ev = id
```

```
edata = []
with open('train.en','r',encoding='utf-8') as f:
    for sen in f:
        wl = [ew2id['<s>']]
        for w in sen.strip().split():
            if w in ew2id:
                wl.append(ew2id[w])
            else:
                wl.append(ew2id['<unk>'])
        wl.append(ew2id['</s>'])
        edata.append(wl)

id, jid2w, jw2id = 1, {}, {}
with open('train.ja.vocab.4k','r',encoding='utf-8') as f:
    id = 1
    for w in f:
        w = w.strip()
        jid2w[id] = w
        jw2id[w] = id
        id += 1
jv = id

jdata = []
with open('train.ja','r',encoding='utf-8') as f:
    for sen in f:
        wl = [jw2id['<s>']]
```

```
        for w in sen.strip().split():
            if w in jw2id:
                wl.append(jw2id[w])
            else:
                wl.append(jw2id['<unk>'])
        wl.append(jw2id['</s>'])
        jdata.append(wl)


# Define model

class MyAttNMT(nn.Module):
    def __init__(self, jv, ev, k):
        super(MyAttNMT, self).__init__()
        self.jemb = nn.Embedding(jv, k)
        self.eemb = nn.Embedding(ev, k)
        self.lstm1 = nn.LSTM(k, k, num_layers=2,
                             batch_first=True)
        self.lstm2 = nn.LSTM(k, k, num_layers=2,
                             batch_first=True)
        self.Wc = nn.Linear(2*k, k)
        self.W = nn.Linear(k, ev)
    def forward(self, jline, eline):
        x = self.jemb(jline)
        ox, (hnx, cnx) = self.lstm1(x)
        y = self.eemb(eline)
        oy, (hny, cny) = self.lstm2(y,(hnx, cnx))
```

```
        ox1 = ox.permute(0,2,1)

        sim = torch.bmm(oy,ox1)

        bs, yws, xws = sim.shape

        sim2 = sim.reshape(bs*yws,xws)

        alpha = F.softmax(sim2,dim=1).reshape(bs, yws, xws)

        ct = torch.bmm(alpha,ox)

        oy1 = torch.cat([ct,oy],dim=2)

        oy2 = self.Wc(oy1)

        return torch.tanh(self.W(oy2))


# model generate, optimizer and criterion setting

demb = 200

net = MyAttNMT(jv, ev, demb).to(device)

optimizer = optim.SGD(net.parameters(),lr=0.01)

criterion = nn.CrossEntropyLoss()


# Learn

for epoch in range(20):
    loss1K = 0.0
    for i in range(len(jdata)):
        jinput = torch.LongTensor([jdata[i][1:]]).to(device)
        einput = torch.LongTensor([edata[i][:-1]]).to(device)
        out = net(jinput, einput)
        gans = torch.LongTensor([edata[i][1:]]).to(device)
```

B

```
        loss = criterion(out[0],gans[0])

        loss1K += loss.item()

        if (i % 100 == 0):

            print(epoch, i, loss1K)

            loss1K = 0.0

        optimizer.zero_grad()

        loss.backward()

        optimizer.step()

    outfile = "attnmt-" + str(epoch) + ".model"

    torch.save(net.state_dict(),outfile)
```

B.5 | doccls.py

```
#!/usr/bin/python

# -*- coding: sjis -*-


import torch

import torch.nn as nn

import torch.optim as optim

import torch.nn.functional as F

from transformers import BertModel, BertConfig
```

```python
import numpy as np

import pickle


device = torch.device("cuda:0"
                        if torch.cuda.is_available() else "cpu")


# Data setting

with open('xtrain.pkl','br') as fr:

    xtrain = pickle.load(fr)


with open('ytrain.pkl','br') as fr:

    ytrain = pickle.load(fr)


# Define model

bert = BertModel.from_pretrained('cl-tohoku/bert-base-japanese')

class DocCls(nn.Module):

    def __init__(self,bert):

        super(DocCls, self).__init__()

        self.bert = bert

        self.cls=nn.Linear(768,9)

    def forward(self,x):

        bout = self.bert(x)

        bs = len(bout[0])
```

```
        h0 = [ bout[0][i][0] for i in range(bs)]

        h0 = torch.stack(h0,dim=0)

        return self.cls(h0)



# model generate, optimizer and criterion setting

net = DocCls(bert).to(device)

optimizer = optim.SGD(net.parameters(),lr=0.001)

criterion = nn.CrossEntropyLoss()


# Learn

net.train()

for ep in range(30):

    lossK = 0.0

    for i in range(len(xtrain)):

        x = torch.LongTensor(xtrain[i]).unsqueeze(0).to(device)

        y = torch.LongTensor([ ytrain[i] ]).to(device)

        out = net(x)

        loss = criterion(out,y)

        lossK += loss.item()

        if (i % 50 == 0):

            print(ep, i, lossK)

            lossK = 0.0

        optimizer.zero_grad()

        loss.backward()
```

```
        optimizer.step()
    outfile = "doccls-" + str(ep) + ".model"
    torch.save(net.state_dict(),outfile)
```

B.6 | doccls4.py

```
#!/usr/bin/python
# -*- coding: sjis -*-


import torch
import torch.nn as nn
import torch.optim as optim
import torch.nn.functional as F
from torch.utils.data import Dataset, DataLoader
from torch.nn.utils.rnn import pad_sequence
from transformers import BertForSequenceClassification
import numpy as np
import pickle


device = torch.device("cuda:0"
                        if torch.cuda.is_available() else "cpu")
```

```python
# DataLoader

class MyDataset(Dataset):
    def __init__(self, xdata, ydata):
        self.data = xdata
        self.label = ydata
    def __len__(self):
        return len(self.label)
    def __getitem__(self, idx):
        x = self.data[idx]
        y = self.label[idx]
        return (x,y)


def my_collate_fn(batch):
    images, targets= list(zip(*batch))
    xs = list(images)
    ys = list(targets)
    return xs, ys


with open('xtrain.pkl','br') as fr:
    xdata = pickle.load(fr)


with open('ytrain.pkl','br') as fr:
    ydata = pickle.load(fr)
```

```
batch_size = 3

dataset = MyDataset(xdata,ydata)

dataloader = DataLoader(dataset, batch_size=batch_size,
                        shuffle=True, collate_fn=my_collate_fn)


# Define model


net = BertForSequenceClassification.from_pretrained(
    'cl-tohoku/bert-base-japanese',
    num_labels = 9).to(device)
optimizer = optim.SGD(net.parameters(),lr=0.001)


# Learn


net.train()
for ep in range(30):
    i, lossK = 0, 0.0
    for xs, ys in dataloader:
        xs1, xmsk = [], []
        for k in range(len(xs)):
            tid = xs[k]
            xs1.append(torch.LongTensor(tid))
            xmsk.append(torch.LongTensor([1] * len(tid)))
        xs1 = pad_sequence(xs1, batch_first=True).to(device)
        xmsk = pad_sequence(xmsk, batch_first=True).to(device)
        ys = torch.LongTensor(ys).to(device)
        out = net(xs1,attention_mask=xmsk,labels=ys)
```

```
        loss = out.loss
        lossK += loss.item()
        if (i % 10 == 0):
            print(ep, i, lossK)
            lossK = 0.0
        optimizer.zero_grad()
        loss.backward()
        optimizer.step()
        i += 1
    outfile = "doccls4-" + str(ep) + ".model"
    torch.save(net.state_dict(),outfile)
```

B.7 | bert-tagger.py

```
#!/usr/bin/python
# -*- coding: sjis -*-

import torch
import torch.nn as nn
import torch.optim as optim
import torch.nn.functional as F
from torch.utils.data import Dataset, DataLoader
```

```python
from torch.nn.utils.rnn import pad_sequence

from transformers import BertModel


import numpy as np

import pickle

import sys


argvs = sys.argv

argc = len(argvs)


device = torch.device("cuda:0"
                      if torch.cuda.is_available() else "cpu")


# DataLoader

class MyDataset(Dataset):
    def __init__(self, xdata, ydata):
        self.data = xdata
        self.label = ydata
    def __len__(self):
        return len(self.label)
    def __getitem__(self, idx):
        x = self.data[idx]
        y = self.label[idx]
        return (x,y)
```

```python
def my_collate_fn(batch):

    images, targets= list(zip(*batch))

    xs = list(images)

    ys = list(targets)

    return xs, ys


with open('xtrain.pkl','br') as fr:

    xdata = pickle.load(fr)


with open('ytrain.pkl','br') as fr:

    ydata = pickle.load(fr)



batch_size = 4

dataset = MyDataset(xdata,ydata)

dataloader = DataLoader(dataset, batch_size=batch_size,
                        shuffle=True, collate_fn=my_collate_fn)


# Define model


bert = BertModel.from_pretrained('cl-tohoku/bert-base-japanese')


class PosTagger(nn.Module):

    def __init__(self,bert):

        super(PosTagger, self).__init__()

        self.bert = bert

        self.W = nn.Linear(768,16)
```

```python
    def forward(self,x1,x2):

        bout = self.bert(input_ids=x1, attention_mask=x2)

        bs = len(bout[0])

        h0 = [ self.W(bout[0][i]) for i in range(bs)]

        return h0


# model generate, optimizer and criterion setting


net = PosTagger(bert).to(device)

optimizer = optim.SGD(net.parameters(),lr=0.001)

criterion = nn.CrossEntropyLoss(ignore_index=-1)


# Learn


net.train()

for ep in range(30):

    i, lossK = 0, 0.0

    for xs, ys in dataloader:

        xs1, xmsk, ys1 = [], [], []

        for k in range(len(xs)):

            tid = xs[k]

            xs1.append(torch.LongTensor(tid))

            xmsk.append(torch.LongTensor([1] * len(tid)))

            ys1.append(torch.LongTensor(ys[k]))

        xs1 = pad_sequence(xs1, batch_first=True).to(device)

        xmsk = pad_sequence(xmsk, batch_first=True).to(device)
```

```
        gans = pad_sequence(ys1, batch_first=True,
                            padding_value=-1.0).to(device)

        out = net(xs1,xmsk)

        loss = criterion(out[0],gans[0])

        for j in range(1,len(out)):

            loss += criterion(out[j],gans[j])

            lossK += loss.item()

        if (i % 10 == 0):

            print(ep, i, lossK)

            lossK = 0.0

        optimizer.zero_grad()

        loss.backward()

        optimizer.step()

        i += 1

    outfile = "bert-tagger-" + str(ep) + ".model"

    torch.save(net.state_dict(),outfile)
```

参考文献

　実は本書の執筆で参考にしたものはほとんどありません。特に、word2vec、LSTM、seq2seq は BERT 出現以前の技術であり、登場してからかなり時間が経過しています。ネット上でもわかりやすい解説がたくさんあるので情報は簡単に得られると思います。

　PyTorch についても総本山である https://pytorch.org/ にあるマニュアル[※1]とチュートリアル[※2]でほとんどの情報は得られます。

　BERT については少しだけ参考文献を挙げておきます。BERT は 2018 年末に arxiv で発表されましたが、正式には翌年 NAACL（North American Chapter of the Association for Computational Linguistics）で発表されました。以下がその論文です。

　　　https://www.aclweb.org/anthology/N19-1423/

以下が本書で解説した DistilBERT の論文です。

　　　https://arxiv.org/abs/1910.01108

また以下は SentenceBERT の論文です。

　　　https://arxiv.org/abs/1908.10084

　BERT 系の技術を調べる際に参考になるのは HuggingFace の Transformers のドキュメントです。

　　　https://huggingface.co/transformers/

　ここでは BERT から派生した主要なモデルが扱われています。現在、アルファベット順で、1 番の ALBERT から 41 番の XLNet まであります。最新のモデルがど

んどん追加されていくので、本書が出る頃にはもっと増えていると思います。モデル名の部分をクリックすれば、そのモデルの情報とそのモデルを利用する関数などの説明があります。ここを起点にいろいろと調べていけるはずです。

　ただし Transformers ではたくさんのモデルが扱われていますが、それらが本当に自分の問題やタスクに利用できるかどうかはよく吟味したほうがよいと思います。英語ならモデルも公開されているので試してみることは可能ですが、日本語のモデルは自分で構築しなければなりません。コマンド 1 発で後は待つだけでモデルができる、というのは実際は難しく、本当に使えるモデルを作るには時間も労力も必要です。いろいろ試して結局は BERT を使うのがよいという結論になることが多いように思います。そのような状況ですが、ここで紹介した DistilBERT と SentenceBERT は実際に使えるものと思って紹介しました。

あとがき

　2018年末にGoogleからBERTが発表されました。非常に興味がありましたがTensorFlowのモデルなので、なかなか使いこなせません。また、英語のモデルしかないので自分の問題には試せません。自前でモデルを作ればよいのでしょうけど、非力なマシンしか持っていないので、現実的には不可能です。悶々とした中、2019年4月に京都大学から日本語のBERTモデルが公開されました。これで日本語のBERTモデルが使えるようになり、BERTの理解も深まりました。開発、公開された方々には感謝いたします。ただ、相変わらずモデルはTensorFlowなのでモデルの中がいじれません。TensorFlowの知識も乏しく簡単なfine-tuningも一苦労です。正直に告白すると、当時は、どうしてBERTのパラメータ数が約1億1千万個なのかさえ理解できませんでした。モデルの中身がわからないからです。そのため、やはりBERTに関してはストレスのある日々でした。そういった中で2019年の秋頃にHuggingFaceのtransformersと出会いました。素晴らしいです。感動しました。私のストレスは一気に解消されました。

　そして2020年2月にインプレスの方との出会いがあり、transformersを使ったBERTに関する本を書かせてもらうことになりました。ただ書く内容は決まっているのに、時間が取れずなかなか進みません。2020年は個人的にとても忙しかったこともありますが、インプレスの方からBERTだけではなく、基礎的な部分も加えてほしいという要望を最初に頂いていたので、時間がたつにつれ、どういう風にまとめていけばよいのかわからなくなってしまったのでした。

　結局、2020年12月に吹っ切れました。「はじめに」で書いたように、私の研究室に入ってくれた新4年生を読者の対象として書くことにしました。これはよい戦略でした。自分の学生向けに書くことに決めれば気が楽です。どんどん書けて、ほぼ1か月で書き上げることができました。なかなか執筆できない間にtransformersも有名になり、バージョンもどんどん上がり、本書の内容は少し古い内容になってしまった感もありますが、私の研究室の学生にはこの本の内容

くらいが丁度いいでしょう。学生の自習用に使えたらと思っています。ただもちろん、その他の人に対しても、この本によって何か提供できるものがあれば幸いです。質問、間違いなどがあれば気兼ねなくメールください。そうしたことで私の理解も深まりますのでwelcome です。

　最後に、今回の年末年始は、コロナの問題もあり、私の生活は本書の執筆一色でした。協力してくれた妻の理加に感謝します。また、いつのときも天国から元気づけてくれる愛犬CHOCO にも感謝します。「私は犬が好き。」です。

索引

[CLS].................................... 120, 126,
 133, 137-138, 161, 166, 178, 188-189

[SEP]....... 120, 126, 133, 161, 166, 188-189

[UNK].. 161

__init__()......................................19, 23

●A

a1.py.. 17

add_special_tokensパラメータ 127-128

Anaconda....................................... 200

arange() 4-5

att-nmt2.py 105-106

att-nmt-test.py 102

att-nmt.py..........................99, 101, 218-222

Attention 97-104

attention_maskパラメータ 143

●B

backward() 16, 26

batch_firstパラメータ......................................56

BERT (Bidirectional Encoder
 Representations from Transformers)
 .... 112-198, 233-234

bert-baseモデル... 117

bert-largeモデル... 117

bert-tagger-test.py............................. 166-167

bert-tagger.py
 .... 161, 163-164, 166, 228-232

BertForMaskedLMクラス
 →transformers.BertForMaskedLMクラス

BertForSequenceClassificationクラス
 →transformers.
 BertForSequenceClassificationクラス

BertJapaneseTokenizerクラス
 →transformers.BertJapaneseTokenizerク
 ラス

BertTokenizerクラス
 →transformers.BertTokenizerクラス

bidirectionalパラメータ 78

BLEU (Bilingual Evaluation Understudy)
94-96

bmm()...9

BoW (Bag of Words) 34-35

BPE (Byte Pair Encoding) 108

●C

cat().. 13

CBOW (Continuous Bag of Words) 38

cbowオプション 38

ChiVe 41

convert_ids_to_tokens() 131

corpus_bleu() 94

cosine_similarity() 183

CrossEntropyLossクラス
　→torch.nn.CrossEntropyLossクラス

CUDA (Compute Unified Device
　Architecture) 30, 202-205

●D

DataLoaderクラス
　→torch.utils.data.DataLoaderクラス

Datasetクラス
　→torch.utils.data.Datasetクラス

db-doccls-test.py 175

db-doccls.py 174, 177

detach() 12-13, 18

DistilBERT 169-178, 233

DistilBertForMaskedLMクラス
　→transformers.DistilBertForMaskedLMク
　ラス

doc2vec 45

Doc2Vecクラス
　→gensim.models.doc2vec.Doc2Vecクラ
　ス

doccls2.py 144-146, 173

doccls3.py 148-149

doccls3-test.py 149

doccls4.py 151-152, 225-228

doccls4-test.py 153

doccls5.py 156-158

doccls-test.py 141-142, 146, 175

doccls.py 138-141, 222-225

DocClsクラス 185

dot() 7

dtype属性 10-11

●E

Embeddingクラス
　→torch.nn.Embeddingクラス

encode_plus() 189, 197

end_logits属性 197

eval() 27

●F

fastText 48

feature based
　............ 139, 147-150, 154, 157, 184, 186

fine-tuning
　............. 113-114, 139, 154, 178-179, 184

forward() 19, 23, 27, 90, 105, 138

from_numpy() 12, 22

from_pretrained() 122-123, 141

●G

gensim 38, 41-42, 45

gensim.models.doc2vec.Doc2Vecクラス
　... 45

gensim.models.doc2vec.TaggedDocument
　クラス 45

gensim.models.keyedvectors.KeyedVectors
　クラス 41

gensim.models.word2vec.LineSentenceクラ
　ス...38-39

gensim.models.Word2Vecクラス........39, 45

GLUE (General Language Understanding
　Evaluation) 194

GPU (Graphics Processing Unit) 30-31

grad属性... 16

●H

HuggingFace... 119-120,
　　　　　122, 131, 171, 181, 191-192, 233

●I

ignore_indexパラメータ 71, 105

infer_vector() 46

iris0.py............................... 20, 23-28, 208-210

iris1.py... 29

iris2.py... 31

irisデータ 21

ilerパラメータ 39

●J

janome...54

●L

Laboro版BERT...................................... 118, 133

Laboro版DistilBERT............................ 176-178

len()..61

Linearクラス→torch.nn.Linearクラス

LineSentenceオブジェクト
　→gensim.models.word2vec.LineSentence
　クラス

livedoorニュースコーパス 134

load().. 40-41, 46

load_state_dict() 26

load_word2vec_format()............................41

log().. 10

logits属性 153

LSTM (Long Short-Term Memory)
　.................................. 52-82, 84, 86, 98, 168

lstm0-test.py 63

lstm0.py 61-63

lstm1-test.py 73-74

lstm1.py...70-74

lstm2-test.py 77

lstm2.py... 76

lstm3.py..80-81

lstm.py.. 210-213

LSTMクラス→torch.nn.LSTMクラス

LSTMブロック 53-54, 56-57

●M

Masked Language Model 128, 132

matmul()..7-9

max_vocab_sizeパラメータ...........................39

mean_pooling() 183, 185

MeCab 37, 59, 126-127, 133

Mikolov, Tomas...35

min_countパラメータ......................................39

mkdata2.py 173

mkdata3.py 185

mkdata.py 136

mm() 8

MNLIデータセット... 194

most_similar() 43-44, 46

MSELossクラス→torch.nn.MSELossクラス

mv() 7-8

mybleu.py 95-96, 103, 106

●N

negativeパラメータ 39

NICT版BERT 118

NLTK (Natural Language Toolkit) 94

NMT (Neural Machine Translation) 84-96

nmt-test.py...92-93, 95

nmt.py 88-91, 213-218

nn.CrossEntropyLossクラス
　→torch.nn.CrossEntropyLossクラス

nn.Embeddingクラス
　→torch.nn.Embeddingクラス

no_grad()...27

num_labelsパラメータ.................................. 151

num_layersパラメータ.....................................75

NumPy..2

numpy() 12-13

●O

output_hidden_statesパラメータ.............. 123

●P

padding_idxパラメータ 70, 105

padding_valueパラメータ...............................70

pad_sequence() 68-70

Padding....................68-71, 88, 105, 143-144

parameters() 24

permutation()..29

permute() 14-15

pickle..59

PyTorchのインストール 200-201

●Q

QAタスク 190-191, 195-196

●R

requires_grad_() 18

requires_grad属性.................................. 16, 148

reshape().. 4-5, 10

RNN (Recurrent Neural Network) 52-53

●S

save()...26, 39, 46

sb-doccls-fb.py 186

sb-doccls-ft.py 185-186

sbert0.py 182-183

sbert1.py 184

scikit-learn..21

Self-Attention 114-118, 123

sentence_transformersパッケージ 180

SentenceBERT............................ 178-187, 233

SentencePiece 107-109, 133

seq2seqモデル 84, 86, 97-98

SGD (Stochastic Gradient Descent) ...19, 24

SGDクラス→torch.optim.SGDクラス

sgパラメータ 39

shuffleパラメータ 73

similarity() 42

sin() 10

sizeオプション 38

sizeパラメータ 39

Skip-Gram Model.. 38

SQUAD 196

squeeze() 14

stack() 13-14

start_logits属性 197

step() 26

Stockmarks版BERT....................................... 118

subword 48, 108, 127

subword-nmt.. 108

●T

Tensor 2-18

Tensor()→torch.Tensorクラス

tensor() 3-4, 55

TensorFlow.. 118-120

Tensorクラス→torch.Tensorクラス

to()..30

Tokenizer
.... 118, 125-127, 132-133, 177, 180, 189

topk().. 130-131

topnパラメータ..43-44

torchパッケージ...3

torch.dtypeクラス 10

torch.nn.CrossEntropyLossクラス
.... 25, 71, 90, 105

torch.nn.Embeddingクラス 70, 105

torch.nn.Linearクラス........................... 23

torch.nn.LSTMクラス 56, 75-76, 78-79

torch.nn.MSELossクラス.................... 25

torch.optim.SGDクラス 24

torch.Tensorクラス...3-4

torch.utils.data.DataLoaderクラス
.............................20-21, 65, 73

torch.utils.data.Datasetクラス 20-21

train_test_split() 21

transformers.BertConfigクラス 123

transformers.BertForMaskedLMクラス
.... 128, 172

transformers.
BertForSequenceClassificationクラス
.... 150-151, 154, 175-176

transformers.BertJapaneseTokenizerクラス
.... 126, 132-133, 171, 180

transformers.BertModelクラス
.... 121-122, 141

transformers.BertTokenizerクラス........... 126

transformers.DistilBertForMaskedLMクラス
.... 172

transformersライブラリ 120, 131, 150

type()..10-11

●U

unsqueeze()..14, 55

●V

view()..4

vocab_sizeパラメータ.................................. 130

●W

windowパラメータ 39

WMD (Word Mover Distance) 47

wmdistanc() 47

word2vec 34-38, 40-41, 45, 48, 112-113

Word2Vecクラス
　→gensim.models.doc2vec.Word2Vecク
　ラス

WordPiece... 127

workersパラメータ 39

●Z

zero_grad() 26

●う

埋め込み表現................34, 112-113, 178, 181

●え

エポック 26

●か

確率的勾配降下法 (SGD) →SGD

下流のタスク 113, 179

含意関係認識 179, 193-195

感情分析 112

●き

共起..34-35

教師モデル 169

京大版BERT 117

行列積...7-9

●く

クロスエントロピー 25, 71, 90

●こ

コーパス 35

●さ

最急降下法 17, 25

最適化関数 139, 148

●し

時系列データ 52, 54

事前学習済みモデル 113, 117

自動微分...15-18

蒸留... 169-170

●す

推論...63-64, 141

●せ

生徒モデル 169

●そ

双方向LSTM 78-82

損失 169

損失関数 25

●た

多層LSTM 75-77

田中コーパス 86-87

●と

東北大版BERT 118-119, 122, 133, 184

●な

内積 7, 115

●に

ニューラルネット 22

●は

バッチ処理 65, 104-107, 143-147

パラメータ凍結 147, 155-156

バンダイナムコ研究所 171

●ひ

品詞タガー 160-168

品詞タグ付け 54, 57

●ふ

分散表現 34-44, 47, 58

文書分類 134-159, 173-178, 184-187

●へ

平均二乗誤差 25

平均ベクトル 181-182

●み

未知語 107

ミニバッチ 28-29

●め

メモリセル 53

●る

類似度 94, 98, 100, 115, 182

MEMO

著者

◎新納 浩幸（しんのう ひろゆき）

1961 年生まれ。1985 年 東京工業大学理学部情報科学科卒業。

1987 年 東京工業大学大学院理工学研究科情報科学専攻修士課程修了。

現在、茨城大学工学部情報工学科教授、博士（工学）。

専門分野は自然言語処理、機械学習、統計学など。

2018 年から言語処理学会 理事を務める。

STAFF LIST

カバーデザイン	岡田章志
本文デザイン	オガワヒロシ (VAriant Design)
編集・DTP	株式会社クイープ
編集	石橋克隆

本書のご感想をぜひお寄せください
https://book.impress.co.jp/books/1119101184

読者登録サービス CLUB Impress

アンケート回答者の中から、抽選で**商品券（1万円分）**や
図書カード（1,000円分）などを毎月プレゼント。
当選は賞品の発送をもって代えさせていただきます。

■商品に関する問い合わせ先
インプレスブックスのお問い合わせフォームより入力してください。
　https://book.impress.co.jp/info/
上記フォームがご利用頂けない場合のメールでの問い合わせ先
　info@impress.co.jp

●本書の内容に関するご質問は、お問い合わせフォーム、メールまたは封書にて書名・ISBN・お名前・電話番号と該当するページや具体的な質問内容、お使いの動作環境などを明記のうえ、お問い合わせください。
●電話やFAX等でのご質問には対応しておりません。なお、本書の範囲を超える質問に関しましてはお答えできませんのでご了承ください。
●インプレスブックス（https://book.impress.co.jp/）では、本書を含めインプレスの出版物に関するサポート情報などを提供しておりますのでそちらもご覧ください。
●該当書籍の奥付に記載されている初版発行日から3年が経過した場合、もしくは該当書籍で紹介している製品やサービスについて提供会社によるサポートが終了した場合は、ご質問にお答えしかねる場合があります。

■落丁・乱丁本などの問い合わせ先
TEL　03-6837-5016　FAX　03-6837-5023
service@impress.co.jp
（受付時間／　10:00-12:00、13:00-17:30 土日、祝祭日を除く）
●古書店で購入されたものについてはお取り替えできません。

■書店／販売店の窓口
株式会社インプレス 受注センター
　TEL　048-449-8040
　FAX　048-449-8041
株式会社インプレス 出版営業部
　TEL　03-6837-4635

著者、株式会社インプレスは、本書の記述が正確なものとなるように最大限努めましたが、
本書に含まれるすべての情報が完全に正確であることを保証することはできません。また、本書
の内容に起因する直接的および間接的な損害に対して一切の責任を負いません。

PyTorch自然言語処理プログラミング

word2vec／LSTM／seq2seq／BERTで日本語テキスト解析！

2021年3月21日　　初版第1刷発行

著　　者　　新納浩幸
発行人　　小川亨
編集人　　高橋隆志
発行所　　株式会社インプレス
　　　　　〒101-0051　東京都千代田区神田神保町一丁目105番地
　　　　　ホームページ　https://book.impress.co.jp/

印刷所　　大日本印刷株式会社

ISBN978-4-295-01113-2　　　C3055